高等职业教育计算机类专业系列教材
职业教育融媒体新形态教材

U0159666

图形图像处理

(Photoshop CC 2019)

主　编　周　怡

副主编　刘军华　武　凡　胡秀燕

　　　　魏晓微　王　薇

西安电子科技大学出版社

内 容 简 介

本书全面系统地介绍了 Photoshop CC 2019 的基本操作方法和图形图像处理技巧，并对 Photoshop 在设计领域的应用进行了细致的讲解，具体内容包括图像制作基础、软件基本操作、插画设计、Banner 设计、App 设计、H5 设计、海报设计、网页设计、包装设计、综合设计实训等。

本书可作为高等职业院校电子商务、软件技术等专业相关课程的教材，也可供相关人员学习参考。

图书在版编目(CIP)数据

图形图像处理：Photoshop CC 2019 / 周怡主编 . -- 西安：西安电子科技大学出版社，2024.2（2024.7 重印）

ISBN 978-7-5606-7193-2

Ⅰ. ①图…　Ⅱ. ①周…　Ⅲ. ①图像处理软件　Ⅳ. ①TP391.413

中国国家版本馆 CIP 数据核字 (2024) 第 023695 号

策　　划　秦志峰　杨丕勇
责任编辑　秦志峰
出版发行　西安电子科技大学出版社(西安市太白南路 2 号)
电　　话　(029)88202421 88201467　　　邮　　编　710071
网　　址　www.xduph.com　　　　　　电子邮箱　xdupfxb001@163.com
经　　销　新华书店
印刷单位　陕西精工印务有限公司
版　　次　2024 年 2 月第 1 版　　2024 年 7 月第 2 次印刷
开　　本　787 毫米 × 1092 毫米　1/16　　印　张　15
字　　数　354 千字
定　　价　68.00 元
ISBN 978-7-5606-7193-2 / TP
XDUP 7495001-2
如有印装问题可调换

Preface

前　言

Photoshop 是 Adobe 公司开发的一款图形图像处理和编辑软件，它功能强大、易学易用，深受平面设计师的喜爱。目前，很多高等职业院校都将 Photoshop 列为重要的专业课程。

本书作者根据现代高等职业院校的教学特色和教学要求，从人才培养的目标出发，对本书的编写体系做了精心设计，根据 Photoshop 在设计领域的应用方向来布置项目，并根据岗位技能要求引入企业真实案例，强化专业技能培养。本书基本按照"相关知识—任务引入—设计理念—任务知识—任务实施—扩展实践—项目演练"的思路编排，力求"做学一体"，提高学生的实际应用能力。

本书共由 10 个项目组成，项目 1 至项目 9 通过在"相关知识"中讲解基础知识，介绍图形图像处理的相关概念、要素及设计原则等；通过"任务引入"引导学生了解每个任务学习的要点；通过"设计理念"展示设计的构思过程和主导思想；通过"任务知识"深入学习软件功能；通过"任务实施"指导学生快速熟悉图像的设计制作过程；通过"扩展实践"和"项目演练"提高学生的实际应用能力。项目 10 是综合设计实训，旨在帮助学生掌握商业案例的设计理念和设计方法，提升学生的实战水平。

本书提供了所有案例的素材及效果文件。另外，为方便教师教学，本书还配备了微课视频、PPT 课件、教学大纲、教学教案等丰富的教学资源，任课教师可去出版社网站本书的"相关资源"处免费下载。本书的参考学时为 48 学时，各项目的参考学时参见下面的学时分配表。

项目	课 程 内 容	学时分配
项目 1	发现图像中的美——图像制作基础	4
项目 2	熟悉设计工具——软件基本操作	4
项目 3	绘制生动图画——插画设计	4
项目 4	制作电商广告——Banner 设计	4
项目 5	制作手机界面——App 设计	4
项目 6	制作互动广告——H5 设计	4
项目 7	制作宣传广告——海报设计	4
项目 8	制作网站页面——网页设计	4
项目 9	制作商品包装——包装设计	4
项目 10	制作商业设计——综合设计实训	12

本书由湖南邮电职业技术学院周怡担任主编，湖南邮电职业技术学院刘军华、河南职业技术学院武凡、福州软件职业技术学院胡秀燕和魏晓微、泉州海洋职业学院王薇担任副主编。本书是 2022 年湖南省职业教育教学改革研究项目 (课题编号 ZJGB2022076) 的相关成果体现。

由于编者水平有限，书中难免存在疏漏和不足之处，敬请广大读者批评指正。

编 者

2023 年 9 月

Contents

目　录

项目 1　发现图像中的美——图像制作基础...1

项目 2　熟悉设计工具——软件基本操作...8

　　任务 2.1　熟悉软件操作界面..12

　　任务 2.2　掌握文件操作方法..19

　　任务 2.3　熟悉图像操作技巧..25

项目 3　绘制生动图画——插画设计...36

　　任务 3.1　制作汽车展示插画..38

　　任务 3.2　绘制风景插画...45

　　任务 3.3　项目演练——绘制趣味音乐插画..54

项目 4　制作电商广告——Banner 设计..56

　　任务 4.1　制作时尚彩妆类电商 Banner..57

　　任务 4.2　制作箱包 App 首页 Banner..66

　　任务 4.3　项目演练——制作家电类网店 Banner...73

项目 5　制作手机界面——App 设计...75

　　任务 5.1　制作时尚娱乐 App 的引导界面..77

　　任务 5.2　制作旅游 App 的登录界面..82

　　任务 5.3　项目演练——制作运动鞋 App 的销售界面...88

项目 6　制作互动广告——H5 设计...89

　　任务 6.1　制作汽车工业类活动邀请 H5..91

　　任务 6.2　制作中信达娱乐 H5 首页..97

　　任务 6.3　项目演练——制作食品餐饮行业产品营销 H5....................................103

项目 7　制作宣传广告——海报设计...105

　　任务 7.1　制作摄影公众号的运营海报..107

　　任务 7.2　制作招牌牛肉面海报..118

　　任务 7.3　项目演练——制作"春之韵"巡演海报..126

项目 8　制作网站页面——网页设计...128

　　任务 8.1　制作充气浮床网页..130

　　任务 8.2　制作美味小吃网页..143

　　任务 8.3　项目演练——制作家具网站首页..152

项目9　制作商品包装——包装设计...154

　　任务9.1　制作摄影图书封面...156

　　任务9.2　制作休闲杂志封面...170

　　任务9.3　制作啤酒包装...191

　　任务9.4　项目演练——制作咖啡包装...207

项目10　制作商业设计——综合设计实训...209

　　任务10.1　制作女包类App首页的Banner...209

　　任务10.2　制作音乐类App的引导界面..213

　　任务10.3　制作金融理财行业推广H5页面...220

　　任务10.4　制作七夕节海报...227

　　任务10.5　项目演练——制作冰淇淋包装..233

项目 1
发现图像中的美——图像制作基础

近年来，随着信息技术与视觉设计的不断发展，图像制作的技术与审美要求也在相应提升。本项目将对图像制作的相关应用进行系统讲解，通过学习，读者可以对图像制作有一个全面的认识，从而高效地进行图像制作工作。

学习引导

知识目标

- 了解图像制作的相关应用
- 明确图像制作的工作流程

能力目标

- 了解作品图片的收集方法
- 掌握搜集设计素材的方法

素养目标

- 培养对图像制作的兴趣
- 提高对设计工具的熟悉程度
- 激发创造创新能力，培养"与时俱进，锐意进取，勤于探索，勇于实践"的职业精神

相关知识

图像设计与制作指的是运用手工、计算机技术或两者相结合的方法进行的图像创意设计与制作。在我们的生活中，经过创意设计的图像随处可见，如图 1-1 所示。这些图像不但直观明了，而且生动形象，让人赏心悦目、印象深刻。

图 1-1

任务引入

本项目要求读者首先了解图像制作的相关应用领域，然后通过在相关网站中搜集数字绘画作品图片，鉴赏图像制作的各种效果。

任务知识

目前我们已经进入一个读图时代，图像制作应用在生活工作中的各个方面，比如图像处理、视觉创意、数字绘画、平面设计、包装设计、界面设计、产品设计、展示效果图等。

1. 图像处理

图像处理可以美化图片，最大限度地满足人们对美的追求。利用软件的抠图、修图等功能，可以让图像变得更加精美且富有创意，如图 1-2 所示。

图 1-2

2. 视觉创意

视觉创意是指用户根据自己的想法对图像进行合成、特效处理及 3D 创作等，以达到视觉与创意的完美结合，如图 1-3 所示。

图 1-3

3. 数字绘画

图像制作软件提供了丰富的色彩及种类繁多的绘制工具，为数字艺术创作提供了便利条件，让用户在计算机上也可以绘制出风格多样的精美插画。数字绘画已经成为新文化群体表达想法的重要途径，在日常生活中随处可见，如图 1-4 所示。

图 1-4

4. 平面设计

平面设计在图像制作中应用得最广泛，常见的有平面广告、招贴、宣传单、海报等，如图 1-5 所示。

图 1-5

5. 包装设计

在图书装帧设计和产品包装设计中，图像制作至关重要。熟练应用各种图像制作技术，是设计出有品位包装的基础，如图 1-6 所示。

图 1-6

6. 界面设计

随着互联网的普及，人们对界面的审美要求也在不断提升。通过界面设计可以美化各种网页、App 和软件的界面，制作出逼真而富有质感的效果，如图 1-7 所示。

图 1-7

7. 产品设计

在产品设计的效果图表现阶段，经常要使用图像制作技术来绘制和处理产品效果图。利用图像制作技术可以充分表现出产品的特性和细节，设计出能够赢得顾客喜爱的产品效果图，如图 1-8 所示。

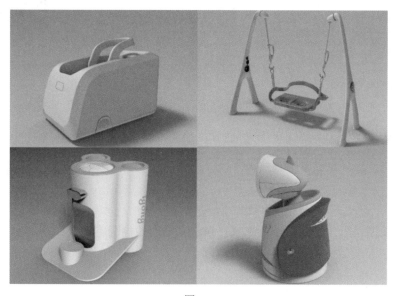

图 1-8

8. 展示效果图

运用图像制作技术不仅可以对渲染出的室内外展示效果图进行配景、色调调整等后期处理，还可以绘制精美的贴图，并将其贴在模型上以达到理想的渲染效果，如图 1-9 所示。

图 1-9

任务实施

本任务通过访问网站，让读者熟悉获取素材的途径。

(1) 打开花瓣网官网，单击网页右上角的"登录 / 注册"按钮，如图 1-10 所示。在弹出的对话框中选择登录方式并登录，如图 1-11 所示。

图 1-10　　　　　　　　　　　　　　　　　　　　图 1-11

(2) 在搜索框中输入关键词"国潮插画"，如图 1-12 所示，按 Enter 键进入搜索页面。

图 1-12

(3) 选择页面左上角的"画板"选项，再选择需要的插画类别，如图 1-13 所示。

图 1-13

(4) 在需要采集的画板上单击，在打开的页面中选择如图 1-14 所示的图片，单击"采集"按钮。在弹出的对话框中输入名称"插画设计"，单击下方的"创建画板"按钮，新建画板。单击"采下来"按钮，将需要的图片采集到创建的画板中，如图 1-15 所示。

图 1-14

图 1-15

项目 2
熟悉设计工具——软件基本操作

图形图像设计工具有很多，本项目以 Photoshop 为例进行介绍。通过本项目的学习，读者可以对 Photoshop 有初步的认识和了解，并快速掌握 Photoshop 的基础知识和基本操作方法，为以后的学习打下坚实的基础。

●●➡ 学习引导

知识目标

- 了解图形图像的基础知识
- 了解常用的设计工具

能力目标

- 熟练掌握软件的操作和文件操作方法
- 掌握图像的基本操作方法

素养目标

- 提高对设计工具的熟悉程度
- 培养一丝不苟、精益求精、求真务实的职业素养

相关知识

在学习使用 Photoshop 进行设计之前，首先需要了解 Photoshop 中的一些基本概念，包括位图、矢量图、图像分辨率、图像的色彩模式、图像文件存储格式等；然后要对 Photoshop 常用的设计工具有一定的了解，这是学习 Photoshop 的重要基础。

1. 图形图像的基础知识

1) 位图

位图也叫点阵图，是由许多单独的小方块组成的。这些小方块称为像素。每个像素都有特定的位置和颜色值，位图的显示效果依赖于像素，将不同位置和颜色的像素组合在一起就可以构成色彩丰富的图像。像素越多，图像越精细，相应地，图像文件的数据量也会越大。

　　一幅位图的原始效果如图 2-1 所示，使用缩放工具将其放大后可以看到其中被放大的像素，如图 2-2 所示。

图 2-1　　　　　　　　　　　　　　图 2-2

　　2) 矢量图

　　矢量图也叫向量图，它是一种基于图形的几何特性绘制而成的图像。矢量图中的各种图形元素被称为对象，每一个对象都是独立的个体，都具有大小、颜色、形状及轮廓等属性。

　　将矢量图设置为任意大小，其清晰度不会变，也不会出现锯齿状的边缘。矢量图在任何分辨率下显示或打印时，都不会损失细节。一幅矢量图的原始效果如图 2-3 所示，使用缩放工具将其放大后清晰度不变，如图 2-4 所示。

图 2-3　　　　　　　　　　　　　　图 2-4

　　3) 图像分辨率

　　在 Photoshop 中，图像中每单位长度上的像素数目称为图像的分辨率，其单位为"像素 / 英寸"或"像素 / 厘米"(1 英寸 = 2.54 厘米)。

　　在相同尺寸的两幅图像中，高分辨率图像包含的像素比低分辨率图像包含的像素多。例如，一幅尺寸为 1 英寸 × 1 英寸的图像，其分辨率为 72 像素 / 英寸，这幅图像包含 5184(72 × 72 = 5184) 个像素。相同尺寸的分辨率为 300 像素 / 英寸的图像包含 90 000 个像素。由此可见，在相同尺寸下，高分辨率的图像能更清晰地展现图像内容。

　　4) 图像的色彩模式

　　CMYK 代表印刷时使用的 4 种油墨颜色：C 代表青色，M 代表洋红色，Y 代表黄色，K 代表黑色。Photoshop CC 2019 CMYK "颜色"面板如图 2-5 所示。CMYK 色彩模式应用了色彩学中的减法混合原理，即减色色彩模式，是最常用的一种彩色印刷方式。在印刷中通常要先按 CMYK 色彩模式进行分色，出四色胶片后再进行印刷。

RGB 色彩模式是一种加色色彩模式，与 CMYK 色彩模式不同的是，它通过红、绿、蓝 3 种色光的叠加形成更多的颜色。一幅 24 位的 RGB 图像有 3 个色彩信息通道：红色 (R)、绿色 (G) 和蓝色 (B)。RGB "颜色" 面板如图 2-6 所示。

图 2-5

5) 图像文件存储格式

Photoshop 提供了 20 多种图像文件存储格式，用户可以根据工作需要进行选择。图像的常见用途及对应的图像文件存储格式如下：

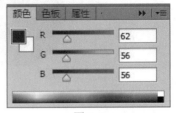

图 2-6

(1) 商业印刷：TIFF、EPS。

(2) 出版：PDF。

(3) 互联网图像：GIF、JPEG、PNG。

(4) Photoshop 工作：PSD、PDD、TIFF。

2. 设计工具

目前在平面设计工作中，设计者经常使用的软件有 Photoshop、Illustrator、InDesign 和 CorelDRAW。这 4 款软件各自拥有鲜明的功能特色。要想根据创意制作出优秀的平面设计作品，就需要熟练使用这 4 款软件，并能很好地结合它们各自的优势。

1) Photoshop

Photoshop 是集编辑修饰、制作处理、创意编排、图像输入与输出于一体的图形图像处理软件，深受平面设计人员、数字艺术和摄影爱好者的喜爱。Photoshop CC 2019 的启动界面如图 2-7 所示。

图 2-7

2) Illustrator

Illustrator 是 Adobe 公司推出的专业矢量绘图软件，是出版、多媒体和在线图像的工业标准矢量插画绘制软件。Illustrator 的使用人群主要包括印刷出版线稿的设计者、插画师、多媒体图像制作者和在线内容的制作者。Illustrator CC 2019 的启动界面如图 2-8 所示。

图 2-8

3) InDesign

　　InDesign 是 Adobe 公司开发的专业排版设计软件，是专业出版方案的平台。它功能强大、易学易用，用户可通过其内置的创意工具和精确的排版控制功能为传统出版物或数字出版物设计出极具吸引力的页面版式。它深受版式编排人员和平面设计师的喜爱。InDesign CC 2019 的启动界面如图 2-9 所示。

图 2-9

4) CorelDRAW

　　CorelDRAW 是 Corel 公司开发的集矢量图设计、印刷排版、文字编辑处理和图形输出于一体的平面设计软件，深受平面设计师、插画师和版式编排人员的喜爱。CorelDRAW X8 的启动界面如图 2-10 所示。

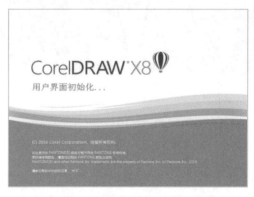

图 2-10

任务2.1　熟悉软件操作界面

任务引入

本任务要求读者首先了解 Photoshop CC 2019 的操作界面及基础操作；然后通过选择需要的图层操作了解控制面板的使用方法，通过新建文件和保存文件操作熟悉快捷键的应用技巧，通过移动图像操作掌握工具箱中工具的使用方法。

任务知识

熟悉操作界面是学习 Photoshop 的基础。掌握操作界面的布局，有助于得心应手地使用 Photoshop。Photoshop CC 2019 的界面主要由菜单栏、工具箱、属性栏、状态栏和面板组成，如图 2-11 所示。

图 2-11

1. 菜单栏

若菜单命令的右侧显示了黑色的三角形，则选择此命令后会显示出其子菜单，如图 2-12 所示；若菜单命令显示为灰色，则此命令不可用；若菜单命令右侧显示了 3 个点"…"，如图 2-13 所示，则选择此菜单命令后可弹出相应的对话框，在弹出的对话框中可以进行相应的设置。

图 2-12　　　　　　　　　　　　　　　　　　　图 2-13

2. 工具箱

工具箱中有多组工具。在右下角有黑色小三角形的工具图标上按住鼠标左键不放，将弹出隐藏的工具，如图 2-14 所示。将鼠标指针放置在某一工具上，会出现演示框，显示该工具的名称和功能，如图 2-15 所示。工具名称后面括号中的字母代表选择此工具的快捷键，只需在键盘上按相应的键，就可以快速切换到对应工具。

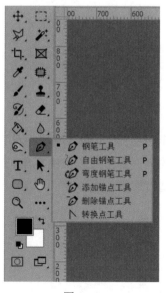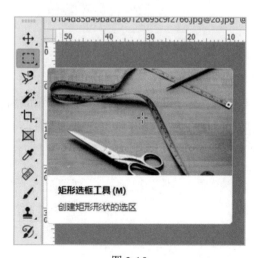

图 2-14　　　　　　　　　　　　　　　　　　　图 2-15

当工具箱显示为双栏时，如图 2-16 所示，单击工具箱上方的双箭头图标，即可将工具箱转换为单栏显示，如图 2-17 所示。

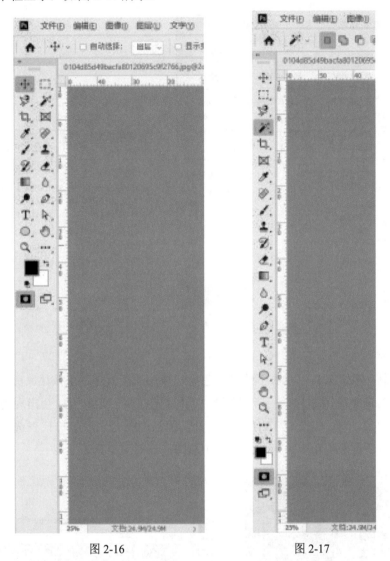

图 2-16　　　　　　　　　　　　图 2-17

3. 属性栏

选择某个工具后，操作界面上方会出现相应的属性栏，可以通过属性栏对工具进行进一步的设置。例如，当选择魔棒工具时，操作界面的上方会出现相应的魔棒工具属性栏，如图 2-18 所示。可以通过属性栏中的各个属性对工具做进一步的设置。

图 2-18

4. 状态栏

当打开一幅图像时，操作界面的下方会出现该图像的状态栏，如图 2-19 所示。状态栏的左侧会显示当前图像的显示比例，在其文本框中输入数值可改变图像的显示比例。

图 2-19

状态栏的中间部分显示的是当前图像的信息。单击箭头按钮，在弹出的列表中可以选择显示信息的类型，如图 2-20 所示。

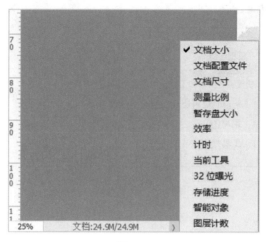

图 2-20

5. 面板

面板是处理图像时不可或缺的一个部分。Photoshop 为用户提供了多个面板。面板的默认状态如图 2-21 所示。单击面板右上方的双箭头图标，可以将面板收缩。要展开某个面板，可以直接单击其选项卡名称，相应的面板会自动弹出。在面板的选项卡上按住鼠标左键不放并向工作区拖曳，此时该面板将被单独拆分出来，如图 2-22 所示。

图 2-21

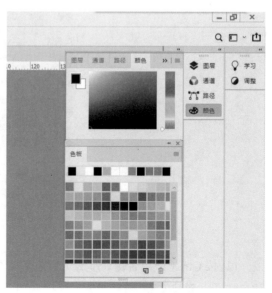

图 2-22

按 Tab 键，可以隐藏工具箱和面板；再次按 Tab 键，可显示出隐藏的部分。按 Shift + Tab 组合键，可以隐藏面板；再次按 Shift + Tab 组合键，可显示出隐藏的部分。

选择"窗口→工作区→新建工作区"命令，可以弹出"新建工作区"对话框，如图 2-23 所示，用户可在此对话框中依据操作习惯自定义工作区，从而设计出个性化的 Photoshop 界面。

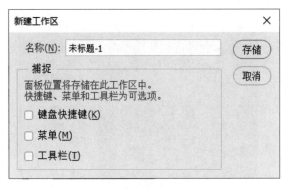

图 2-23

任务实施

本任务通过对基础素材的编辑，让读者掌握基本工具的操作。

(1) 打开 Photoshop CC 2019，选择"文件→打开"命令，弹出"打开"对话框。选择本书"相关资源"中的"基础素材→ Ch01 → 01"文件，单击"打开"按钮，打开文件。在操作界面右侧的"图层"面板中单击"猪猪"图层，如图 2-24 所示。

图 2-24

(2) 按 Ctrl + N 组合键，弹出"新建文档"对话框，各项设置如图 2-25 所示。单击"创建"按钮，新建文件。

图 2-25

(3) 在"未标题 -1"图像窗口的标题栏上按住鼠标左键不放，将其拖曳到适当的位置，使其变为浮动窗口。在"01"图像窗口的标题栏上按住鼠标左键不放，将其拖曳到适当的位置，使其变为浮动窗口，如图 2-26 所示。

图 2-26

(4) 选择操作界面左侧工具箱中的移动工具，将"猪猪"图层中的图像从"01"图像窗口中拖曳到"未标题 -1"图像窗口中；释放鼠标，效果如图 2-27 所示。

图 2-27

(5) 按 Ctrl + S 组合键，弹出"另存为"对话框，在其中选择文件的存储位置并设置文件名，如图 2-28 所示。单击"保存"按钮，弹出提示对话框，单击"确定"按钮保存文件。此时标题栏中显示的是文件保存后的名称，如图 2-29 所示。

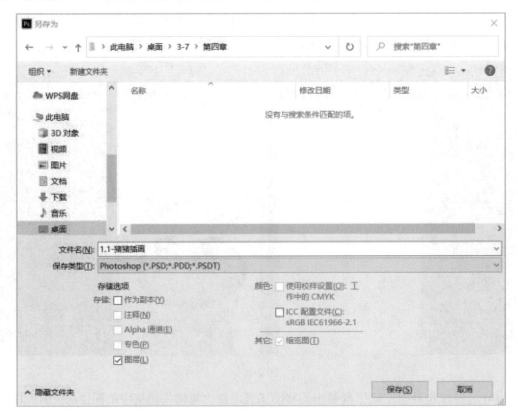

图 2-28

图 2-29

 任务2.2　掌握文件操作方法

任务引入

本任务要求读者首先了解文件的基本操作方法；然后通过复制图像到新建文件中的操作掌握"新建"命令的用法，通过关闭新建文件的操作掌握"保存"和"关闭"命令的用法。

任务知识

掌握文件的操作方法是开始设计和制作作品所必须的技能。下面将具体介绍 Photoshop CC 2019 软件中的基本操作方法。

1. 新建图像文件

选择"文件→新建"命令（或按 Ctrl + N 组合键），弹出"新建文档"对话框。根据需要单击对话框上方的选项卡，选择预设的文件类别；在对话框右侧修改图像的名称、宽度、高度、分辨率及颜色模式等参数，设置完成后单击"创建"按钮即可新建图像文件，如图 2-30 所示。

图 2-30

2. 打开图像文件

选择"文件→打开"命令 (或按 Ctrl + O 组合键)，弹出"打开"对话框，如图 2-31 所示。在其中选择文件所在路径，确认文件类型和名称，通过 Photoshop 提供的缩览图选择文件。单击"打开"按钮或直接双击文件即可打开图像文件，如图 2-32 所示。

图 2-31

提示

　　通过"打开"对话框也可以一次打开多个文件。在文件列表中将所需的几个文件同时选中，并单击"打开"按钮即可。在"打开"对话框中选择文件时，在按住 Ctrl 键的同时单击文件，可以选择不连续的多个文件；在按住 Shift 键的同时单击文件，可以选择连续的多个文件。

图 2-32

3. 保存图像文件

选择"文件→存储"命令 (或按 Ctrl＋S 组合键)，可以保存图像文件。当对设计好的作品进行第一次存储时，选择"文件→存储"命令，将弹出"另存为"对话框，如图 2-33 所示。在该对话框中输入文件名并选择文件保存类型后，单击"保存"按钮，即可保存图像文件。

图 2-33

提示

　　在对已存储过的图像文件进行各种编辑操作后，选择"文件→存储"命令，将不再弹出"另存为"对话框，系统会直接保存图像文件，并覆盖原图像文件。

4. 关闭图像文件

　　选择"文件→关闭"命令 (或按 Ctrl + W 组合键)，可以关闭图像文件。在关闭图像文件时，若当前文件被修改过或是新建的文件，则会弹出提示对话框，如图 2-34 所示。单击"是"按钮即可存储并关闭图像文件。

图 2-34

任务实施

　　本任务通过对基础素材的编辑，让读者掌握文件的打开和保存方法。

　　(1) 打开 Photoshop CC 2019，选择"文件→打开"命令，弹出"打开"对话框，选择本书"相关资源"中的"基础素材→ Ch01 → 03"文件，单击"打开"按钮，打开图像，如图 2-35 所示。

　　(2) 在"图层"控制面板中单击"人物"图层，如图 2-36 所示。按 Ctrl + A 组合键全选图像，按 Ctrl + C 组合键复制图像。

图 2-35

图 2-36

(3) 选择"文件→新建"命令，弹出"新建文档"对话框，各项设置如图 2-37 所示。单击"创建"按钮新建文件。按 Ctrl + V 组合键，将复制的图像粘贴到"未标题 -1"图像窗口中，如图 2-38 所示。

图 2-37

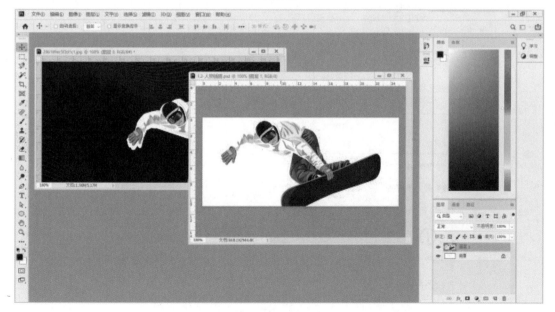

图 2-38

(4) 单击"未标题 -1"图像窗口右上角的"关闭"按钮弹出提示对话框，如图 2-39 所示。单击"是"按钮弹出"另存为"对话框，在其中输入文件名并选择文件保存类型，如图 2-40

所示。单击"保存"按钮,弹出"Photoshop 格式选项"对话框,如图 2-41 所示。单击"确定"按钮保存文件,同时关闭"未标题 -1"图像窗口中的文件。

图 2-39

图 2-40

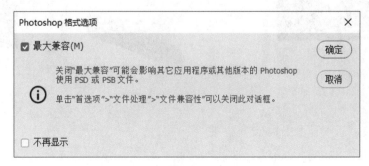

图 2-41

(5) 单击"03"图像窗口右上角的"关闭"按钮,即可关闭"03"文件。单击软件操作界面右上角的"关闭"按钮,即可关闭软件。

任务2.3 熟悉图像操作技巧

任务引入

本任务要求读者首先了解图像的显示与调整操作；然后通过缩小图像与让图像适合窗口大小显示来掌握图像的显示方式。

任务知识

1. 图像的显示效果

在使用 Photoshop 编辑和处理图像时，可以改变图像的显示比例使工作更高效。

1) 100% 显示图像

100% 显示图像的效果如图 2-42 所示。在此状态下可以对文件进行精确的编辑。

图 2-42

2) 放大图像

选择缩放工具，图像窗口中的鼠标指针将变为放大工具图标，每单击 1 次，图像就会放大 1 倍。当图像以 100% 的比例显示时，在图像窗口中单击 1 次，则图像会以 200% 的比例显示。当要放大一个指定的区域时，先选择放大工具，再选择需要放大的区域，按住鼠标左键不放并拖曳鼠标，则选择的区域会被放大并填满图像窗口。按 Ctrl＋＋组合键可逐次放大图像，例如，将图像从 100% 的显示比例放大到 200%、300% 直至 400%。

3) 缩小图像

选择缩放工具，图像窗口中的鼠标指针将变为放大工具图标。按住 Alt 键不放，鼠标指针将变为缩小工具图标，每单击 1 次，图像将缩小 1 级。按 Ctrl＋－组合键可逐次缩小图像。也可在缩放工具属性栏中单击如图 2-43 所示的按钮，此时鼠标指针将变为缩小工具图标，每单击 1 次，图像将缩小 1 级。

图 2-43

4) 全屏显示图像

若要将图像窗口放大到适合整个屏幕的状态，可以在缩放工具属性栏中单击"适合屏幕"按钮，如图 2-44 所示。这样图像窗口就会和屏幕的尺寸相适应，效果如图 2-45 所示。单击"100%"按钮，图像将以实际像素显示。单击"填充屏幕"按钮，图像将填满屏幕。

图 2-44

图 2-45

5) 图像窗口的排列

当一次打开了多个图像文件时,会出现多个图像窗口,这时就需要对图像窗口进行排列。

同时打开多幅图像的效果如图 2-46 所示。按 Tab 键可以关闭操作界面中的工具箱和控制面板,如图 2-47 所示。

图 2-46

图 2-47

选择"窗口→排列→全部垂直拼贴"命令,图像窗口的排列效果如图 2-48 所示。选择"窗口→排列→全部水平拼贴"命令，图像窗口的排列效果如图 2-49 所示。与之类似，也可以用其他形式排列文件。

图 2-48

图 2-49

2. 图像尺寸的调整

打开一幅图像，选择"图像→图像大小"命令，弹出"图像大小"对话框，如图 2-50 所示，设置各项参数可以调整图像的大小。

图 2-50

不勾选"重新采样"复选框,改变"宽度""高度""分辨率"其中一项的数值时,另外两项的数值会相应发生改变,如图 2-51 所示。在"调整为"下拉列表中选择"自动分辨率"选项,弹出"自动分辨率"对话框,系统将自动调整图像的分辨率和品质,如图 2-52 所示。

图 2-51

图 2-52

3. 画布尺寸的调整

打开一幅图像，选择"图像→画布大小"命令，弹出"画布大小"对话框，各项设置如图 2-53 所示。单击"确定"按钮，画布尺寸调整完毕。

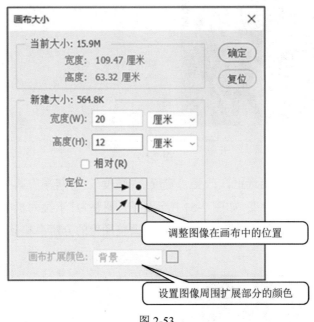

图 2-53

4. 图像位置的调整

选择移动工具，在属性栏中将"自动选择"设置为"图层"。选择图形"E"，如图 2-54 所示。选择图形"E"所在的图层，将其向下拖曳到适当的位置，效果如图 2-55 所示。

图 2-54　　　　　　　　　　　　　　　　　图 2-55

打开一幅图像，在其中绘制选区。将选区中的图像向字母图像中拖曳，鼠标指针将变为形状，如图 2-56 所示。松开鼠标，选区中的图像被移动到了字母图像中，效果如图 2-57 所示。

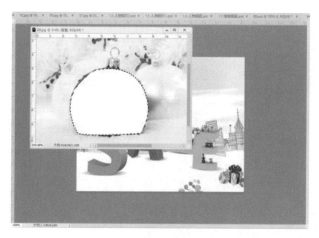

图 2-56　　　　　　　　　　　　　　　　　　　　图 2-57

任务实施

　　本任务通过对基础素材的操作，让读者掌握复制、调整图像大小等命令。

　　(1) 打 开 Photoshop CC 2019，然后打开本书"相关资源"中的"基础素材 → Ch01 → 04"文件，如图 2-58 所示。新建两个文件，并分别将"人物 1"和"人物 2"图层复制到新建的文件中，如图 2-59 和图 2-60 所示。

图 2-58

图 2-59

图 2-60

(2) 选择"窗口→排列→平铺"命令,将 3 个图像窗口在操作界面中平铺显示,如图 2-61 所示。单击"04"图像窗口的标题栏,此时图像窗口将变为活动窗口。按 Ctrl + D 组合键取消选区,如图 2-62 所示。

图 2-61

图 2-62

(3) 选择缩放工具，按住 Alt 键的同时在图像窗口中单击，可使图像缩小，如图 2-63 所示。若不按住 Alt 键在图像窗口中单击，则可放大图像，如图 2-64 所示。

图 2-63

图 2-64

(4) 双击抓手工具，将图像窗口调整为适合屏幕的大小，如图 2-65 所示。分别保存"未标题 -1"和"未标题 -2"图像窗口中的图像。

图 2-65

项目3
绘制生动图画——插画设计

随着信息时代的到来，插画设计作为视觉信息传达的重要手段，已经广泛应用到现代艺术设计领域。计算机软件技术的发展，让插画设计趋于多样化，并随着现代艺术思潮的发展而不断创新。通过本项目的学习，读者可以掌握插画的多种绘制方法和绘制技巧。

●■➤ 学习引导

知识目标
- 了解插画的概念与应用领域
- 掌握插画的分类

能力目标
- 熟悉插画的绘制思路和过程
- 掌握插画的绘制方法和技巧

素养目标
- 培养插画的设计能力
- 培养对插画的审美与鉴赏能力
- 在工作中弘扬工匠精神，增强主人翁意识

实训任务
- 制作汽车展示插画
- 绘制风景插画

相关知识

插画以宣传主题内容为目的，通过对主题内容进行视觉化的表现，营造出主题突出、感染力、生动性强的视觉效果。在海报、广告、杂志、说明书、图书、包装等设计中，凡是用于宣传主题内容的图画都可以称为插画。图3-1所示为部分插画。

图 3-1

1. 插画的应用领域

插画被广泛应用于现代艺术设计的多个领域，包括互联网、出版、广告展览、公共事业、影视游戏等。图 3-2 所示为部分插画。

图 3-2

2. 插画的分类

插画种类繁多，可以分为出版物插画、商业宣传插画、卡通吉祥物插画、影视与游戏美术设计插画、艺术创作类插画。图 3-3 所示为部分插画。

图 3-3

任务3.1　制作汽车展示插画

制作汽车展示插画

 任务引入

　　本任务要求制作一幅汽车展示插画，在制作时要注重细节的表现，给人留下深刻的印象。

设计理念

　　本任务要求设计的插画如图 3-4 所示。在该插画中，使用灰色与蓝色的背景营造出沉稳大气的氛围，并起到衬托画面主体的作用；使用冲出的汽车展示了插画的宣传主题；使用裂纹的设计给人以震撼感，产生了动静结合的效果；整体设计具有创意，让人印象深刻。设计的最终效果请参看本书"相关资源"中的"Ch03→效果→制作汽车展示插画"文件。

图 3-4

任务知识

1. 编辑图像工具

1) 标尺工具

在属性栏选择标尺工具或反复按 Shift + I 组合键切换至标尺工具，其属性栏具体功能如图 3-5 所示。

| 🏠 | 📏 ∨ | X: 0.00 | Y: 0.00 | W: 0.00 | H: 0.00 | A: 0.0° | L1: 0.00 | L2: | ☐ 使用测量比例 | 拉直图层 | 清除 |

图 3-5

2) 裁剪工具

在属性栏选择裁剪工具，其属性栏具体功能如图 3-6 所示。

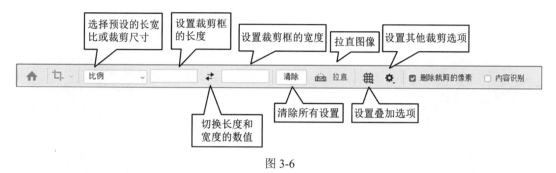

图 3-6

3) 注释工具

在属性栏选择注释工具或反复按 Shift + I 组合键切换至注释工具，其属性栏具体功能如图 3-7 所示。

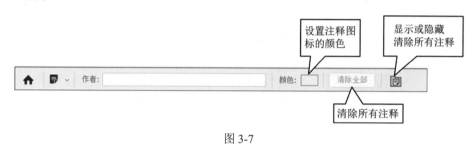

图 3-7

2. 上色相关命令

1) "填充"命令

选择"编辑→填充"命令，弹出"填充"对话框，如图 3-8 所示。

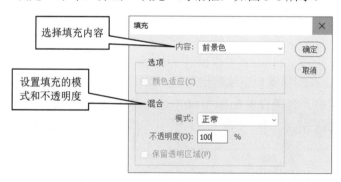

图 3-8

打开一幅图像，在图像窗口中绘制出选区，如图 3-9 所示。选择"编辑→填充"命令，弹出"填充"对话框，各项设置如图 3-10 所示。单击"确定"按钮，效果如图 3-11 所示。

> **提示**
>
> 按 Alt + Delete 组合键，用前景色填充选区或图层。按 Ctrl + Delete 组合键，用背景色填充选区或图层。按 Delete 键，删除选区中的图像，露出用背景色填充的区域或该图像下层的图像。

图 3-9   图 3-10   图 3-11

2) "描边" 命令

选择 "编辑 → 描边" 命令，弹出 "描边" 对话框，如图 3-12 所示。

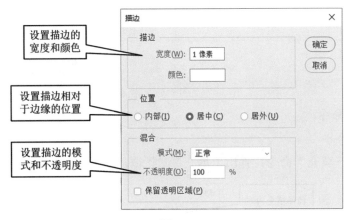

图 3-12

打开一幅图像，在图像窗口中绘制出选区，如图 3-13 所示。选择 "编辑→描边" 命令，弹出 "描边" 对话框，各项设置如图 3-14 所示。单击 "确定" 按钮，完成描边。取消选区后的效果如图 3-15 所示。

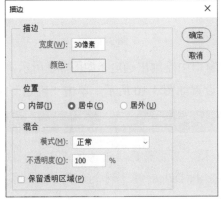

图 3-13   图 3-14   图 3-15

在"描边"对话框的"模式"下拉列表中选择"差值",如图 3-16 所示。单击"确定"按钮,完成描边。取消选区后的效果如图 3-17 所示。

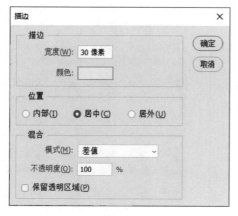

图 3-16　　　　　　　　　　　　　　　图 3-17

3) 定义图案

打开一幅图像,在图像窗口中绘制出选区,如图 3-18 所示。选择"编辑→定义图案"命令,弹出"图案名称"对话框,如图 3-19 所示。单击"确定"按钮,定义图案。按 Ctrl + D 组合键取消选区。

图 3-18

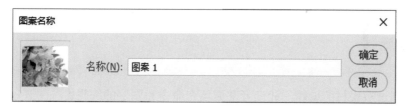

图 3-19

选择"编辑→填充"命令,弹出"填充"对话框,将"内容"设置为"图案",在"自定图案"选项面板中选择新定义的图案,如图 3-20 所示。单击"确定"按钮,效果如图 3-21 所示。

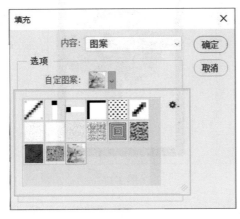

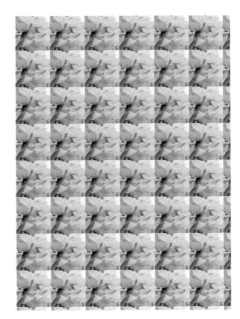

图 3-20　　　　　　　　　　　　　　　　图 3-21

在"填充"对话框的"模式"下拉列表中选择"叠加",如图 3-22 所示。单击"确定"按钮,效果如图 3-23 所示。

图 3-22　　　　　　　　　　　　　　　　图 3-23

任务实施

本任务通过对素材的编辑,让读者掌握填充命令和图层的编辑。

(1) 打开 Photoshop CC 2019,按 Ctrl + O 组合键,弹出"打开"对话框,打开本书"相关资源"中的"Ch03 → 素材→制作汽车展示插画→ 02"文件,如图 3-24 所示。选择标尺工具,用鼠标在图像窗口中车牌的左侧单击,确定测量的起点,向右拖曳鼠标会出现测量线,用鼠标在车牌的右侧单击即可确定测量的终点,如图 3-25 所示。

图 3-24

图 3-25

(2) 单击属性栏中的"拉直图层"按钮，拉直图像，如图 3-26 所示。选择裁剪工具，在图像窗口中按住鼠标左键不放并拖曳，绘制一个矩形裁剪框，按 Enter 键确认操作，效果如图 3-27 所示。

图 3-26

图 3-27

(3) 按 Ctrl + O 组合键弹出"打开"对话框，打开本书"相关资源"中的"Ch03 → 素材 → 制作汽车展示插画 → 01"文件，如图 3-28 所示。将前景色设置为白色。选择矩形工具，将属性栏中的"选择工具模式"设置为形状，"颜色"设置为浅红色 (RGB 值分别为 255、171、171)。在图像窗口中绘制一个矩形，如图 3-29 所示。

图 3-28

图 3-29

(4) 单击"图层"控制面板下方的"添加图层样式"按钮，在弹出的菜单中选择"内阴影"命令，在弹出的"图层样式"对话框中进行设置，如图 3-30 所示。单击"确定"按钮，效果如图 3-31 所示。

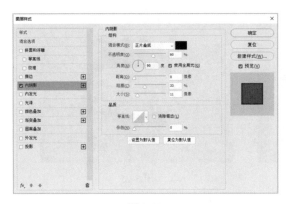
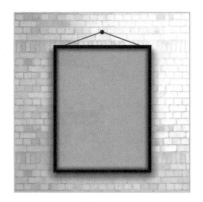

图 3-30　　　　　　　　　　　　　　　　　图 3-31

(5) 选择移动工具，将"02"图像拖曳到"01"图像窗口中，并调整其大小和位置，效果如图 3-32 所示。"图层"控制面板中将生成一个新图层，将其命名为"画"。按 Alt + Ctrl + G 组合键创建剪贴蒙版，效果如图 3-33 所示。

图 3-32　　　　　　　　　　　　　　　　　图 3-33

(6) 选择注释工具，在图像窗口中单击鼠标左键即可弹出"注释"控制面板。在该控制面板中输入文字，如图 3-34 所示。

至此，汽车展示插画制作完成，效果如图 3-35 所示。

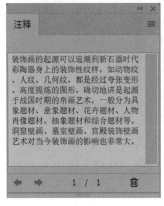

图 3-34　　　　　　　　　　　　　　　　　图 3-35

扩展实践　　制作夏日沙滩插画

使用矩形选框工具、"定义图案"命令和"填充"命令制作如图 3-36 所示插画的背景图案，使用"描边"命令为文字添加描边。最终效果请参看本书"相关资源"中的"Ch03 →效果→制作夏日沙滩插画"文件。

图 3-36

任务3.2　绘制风景插画

制作夏日沙滩插画

任务引入

本任务要求绘制一幅风景插画，要表现出风景插画独特的魅力，设计精美，元素搭配适宜，整体美观协调。

绘制风景插画

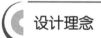
设计理念

本任务要求设计的插画如图 3-37 所示。该插画以天空作为背景，蓝天与白云能让人心情舒畅，同时能起到衬托画面主体的效果；点缀的装饰物增强了画面的活泼感，产生了动静结合的效果；气球的设计具有特色，营造出温馨的氛围。最终效果参看本书"相关资源"中的"Ch03 →效果→制作风景插画"文件。

图 3-37

任务知识

1. 画笔工具

1) 定义画笔

打开一幅图像，如图 3-38 所示。选择"编辑→定义画笔预设"命令，弹出"画笔名称"

对话框，如图 3-39 所示。单击"确定"按钮，即可完成定义画笔。

　　新建图层并将其命名为"画笔"。选择画笔工具，在其属性栏中单击"画笔"右侧的下拉按钮，在弹出的画笔选项面板中选择需要的画笔形状，如图 3-40 所示。分别按"["键和"]"键调整画笔大小。在图像窗口中绘制图像，效果如图 3-41 所示。

图 3-38

图 3-39

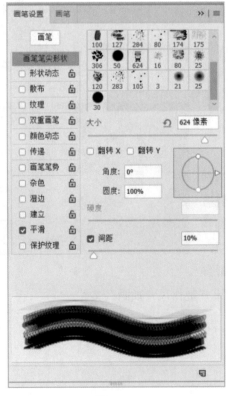

图 3-40

图 3-41

2) 画笔工具属性栏设置

在属性栏选择画笔工具或反复按 Shift + B 组合键切换至画笔工具，其属性栏具体功能如图 3-42 所示。

图 3-42

在画笔工具属性栏中设置画笔的各个属性，如图 3-43 所示。在图像窗口中按住鼠标左键不放并拖曳，可以绘制出如图 3-44 所示的效果。

图 3-43　　　　　　　　　　　　　　　图 3-44

2. 历史记录画笔工具

1) 历史记录画笔工具

历史记录画笔工具是与"历史记录"控制面板结合起来使用的，主要用于将图像的部分区域恢复到某一历史状态，以生成特殊的图像效果。

打开一张图片，如图 3-45 所示，为图片添加滤镜效果，如图 3-46 所示。此时，"历史记录"控制面板如图 3-47 所示。

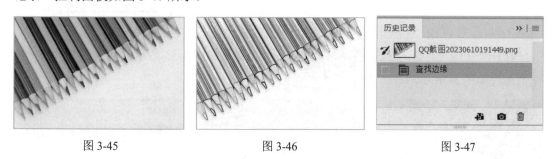

图 3-45　　　　　　　　　图 3-46　　　　　　　　　图 3-47

选择椭圆选框工具，在其属性栏中将"羽化"设置为"50"圆形的选区，在图像上绘制一个椭圆形的选区，如图 3-48 所示。选择历史记录画笔工具，在"历史记录"控制面板中单击"打开"记录左侧的方框，设置历史记录画笔的"源"，方框左侧将显示图标，如图 3-49 所示。

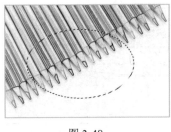 

图 3-48　　　　　　　　　　　　　　图 3-49

用历史记录画笔工具在选区中涂抹，效果如图 3-50 所示。取消选区，效果如图 3-51 所示。此时，"历史记录"控制面板如图 3-52 所示。

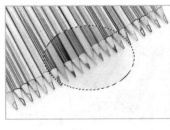  

图 3-50　　　　　　　　　　图 3-51　　　　　　　　　　图 3-52

2) 历史记录艺术画笔工具

历史记录艺术画笔工具和历史记录画笔工具的用法基本相同，两者的区别在于使用历史记录艺术画笔绘图时可以产生特定的艺术效果。

在属性栏选择历史记录艺术画笔工具，其属性栏具体功能如图 3-53 所示。

图 3-53

打开一张图片，如图 3-54 所示，填充该图片，效果如图 3-55 所示。此时，"历史记录"控制面板如图 3-56 所示。

图 3-54　　　　　　　　　　图 3-55　　　　　　　　　　图 3-56

在"历史记录"控制面板中单击"打开"
左侧的方框，设置历史记录艺术画笔的"源"，
方框左侧将显示图标，如图 3-57 所示。在历
史记录艺术画笔工具属性栏中进行设置，如图
3-58 所示。

图 3-57

图 3-58

使用历史记录艺术画笔工具在图像上涂抹，效果如图 3-59 所示。此时，"历史记录"
控制面板如图 3-60 所示。

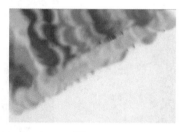   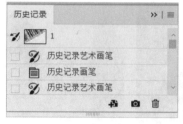

图 3-59   图 3-60

3. 历史记录工具

1) 历史记录控制面板

选择"窗口→历史记录"命令，弹出"历史记录"控制面板，如图 3-61 所示。用户
在这里可以将进行过多次操作的图像恢复到任一历史状态，即所谓的"多次恢复"。单击
控制面板右上方的图标会弹出相关命令，如图 3-62 所示，选择相关命令也可进行恢复操作。

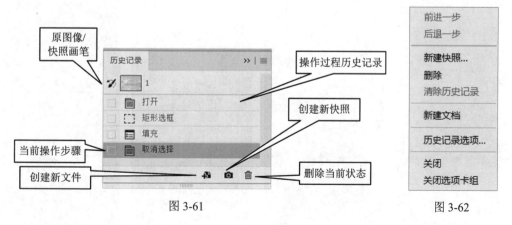

图 3-61   图 3-62

2) 恢复到上一步操作

用户在编辑图像的过程中可以随时将图像恢复到上一步操作中的状态，也可以将图像
还原为恢复前的效果。选择"编辑→还原"命令 (或按 Ctrl + Z 组合键)，可以恢复到上一

步操作。若想将图像还原为恢复前的效果，按 Ctrl + Z 组合键即可。

4. 去色

选择"图像→调整→去色"命令 (或按 Shift + Ctrl + U 组合键)，可以去掉图像中的色彩，使图像变为灰度图，但图像的色彩模式并不会改变。"去色"命令也可以对选区中的图像使用，为选区中的图像去色。

5. "风格化"滤镜

"风格化"滤镜可以产生各种风格的效果，帮助用户模拟真实艺术手法进行创作。"风格化"滤镜命令的子菜单如图 3-63 所示。使用不同滤镜制作出的效果如图 3-64 所示。

查找边缘
等高线...
风...
浮雕效果...
扩散...
拼贴...
曝光过度
凸出...
油画...

图 3-63

原图

查找边缘

等高线 ...

风 ...

浮雕效果 ...

扩散 ...

拼贴 ...

曝光过度

图 3-64

任务实施

本任务通过绘制一幅风景插画，让读者掌握选框和画笔工具。

(1) 打开 Photoshop CC 2019，按 Ctrl + O 组合键，弹出"打开"对话框，打开本书"相关资源"中的"Ch03 → 素材→制作风景插画→ 01、02"文件，"01"图像如图 3-65 所示。激活"02"图像窗口，在按住 Ctrl 键的同时，单击"图层 0"的缩览图，将在"02"图像中生成选区，如图 3-66 所示。

图 3-65　　　　　　　　　　　　　　　　　图 3-66

(2) 选择矩形选框工具，在其属性栏中单击"从选区减去"按钮，在气球的下方绘制一个矩形选区，减去图像与选区相交的区域，效果如图 3-67 所示。

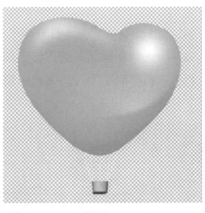

图 3-67

(3) 选择"编辑→定义画笔预设"命令，弹出"画笔名称"对话框。在"名称"文本框中输入"气球"，如图 3-68 所示。单击"确定"按钮，将气球图像定义为画笔形状。按 Ctrl + D 组合键取消选区。选择移动工具，将"02"图像拖曳到"01"图像窗口中的适当位置，效果如图 3-69 所示。

图 3-68   图 3-69

(4) 按 Ctrl + T 组合键，图像周围会出现变换框，向变换框内侧拖曳右下角的控制手柄，等比例缩小图片。按 Enter 键确认操作，效果如图 3-70 所示。此时"图层"控制面板中将生成一个新的图层，将其命名为"气球"，如图 3-71 所示。

图 3-70   图 3-71

(5) 按 Ctrl + O 组合键，弹出"打开"对话框，打开本书"相关资源"中的"Ch03 →素材→制作风景插画→ 03"文件。选择移动工具将"03"图像拖曳到"01"图像窗口中的适当位置，效果如图 3-72 所示。在"图层"控制面板中创建一个新的图层，将其命名为"热气球"，如图 3-73 所示。

图 3-72   图 3-73

(6) 单击"图层"控制面板下方的"创建新图层"按钮,创建一个新的图层,将其命名为"气球 2"。将前景色设置为紫色 (170,105,250)。选择画笔工具,在其属性栏中单击"画笔"右侧的下拉按钮,在弹出的画笔选项面板中选择需要的画笔形状,选择刚才定义的"气球"画笔,其余设置如图 3-74 所示。

(7) 在画笔工具属性栏中单击"启用喷枪模式"按钮,在图像窗口中按住鼠标左键不放并拖曳鼠标,绘制一个气球。按"["键和"]"键调整画笔大小,再绘制一个气球,效果如图 3-75 所示。将前景色设置为蓝色 (105,182,250)。使用相同的方法绘制其他气球,效果如图 3-76 所示。

图 3-74　　　　　　　图 3-75　　　　　　　图 3-76

(8) 将前景色设置为白色。选择横排文字工具,在适当的位置输入需要的文字并选择文字,在其属性栏中选择合适的字体并设置文字大小,效果如图 3-77 所示。此时,在"图层"控制面板中将生成一个新的文字图层,如图 3-78 所示。

图 3-77　　　　　　　　　　　图 3-78

至此，风景插画绘制完成，效果如图 3-79 所示。

图 3-79

扩展实践　制作人物浮雕插画

如图 3-80 所示，使用新建快照命令、图层的不透明度和历史记录艺术画笔工具制作插画效果，使用去色命令调整图片的颜色，使用混合模式选项和浮雕效果滤镜命令为图片添加浮雕效果。最终效果请参看本书"相关资源"中的"Ch03 → 效果 → 制作人物浮雕插画"。

图 3-80

制作人物浮雕插画

 任务3.3　项目演练——绘制趣味音乐插画

任务引入

本任务要求制作一幅趣味音乐插画，要突出趣味音乐的特点，体现

绘制趣味音乐插画

出音乐带给人们的乐趣。

设计理念

　　本任务要求设计的插画如图 3-81 所示。该插画以音乐元素为主要内容，卡通元素为辅助元素，增强了画面的趣味性；合理的元素与色彩搭配，使画面协调美观，体现出音乐独特的魅力。设计的最终效果请参看本书"相关资源"中的"Ch03 → 效果→绘制趣味音乐插画"文件。

图 3-81

项目 4
制作电商广告——Banner 设计

Banner 是电商企业用来提高产品转化率的重要手段，它将直接影响用户是否购买产品或参加活动，因此 Banner 的设计对产品及 UI，乃至运营来说至关重要。通过本项目的学习，读者可以掌握 Banner 的设计方法和制作技巧。

学习引导

知识目标

- 了解 Banner 的概念
- 了解 Banner 的设计风格和版式构图

能力目标

- 熟悉 Banner 的绘制思路和过程
- 掌握 Banner 的绘制方法和技巧

素养目标

- 培养 Banner 的设计能力
- 培养对 Banner 的审美与鉴赏能力
- 发挥敬业精神，树立正确的价值观

实训任务

- 制作时尚彩妆类电商 Banner
- 制作箱包 App 首页 Banner

相关知识

Banner 是网络广告中的常用元素，常用于 Web 页面、App 界面或户外展示海报中。图 4-1 所示为部分 Banner。

图 4-1

1. Banner 的设计风格

Banner 的设计风格丰富多样，有极简风格、插画风格、写实风格、2.5D 风格、3D 风格等。图 4-2 所示为 Banner 的部分设计风格。

图 4-2

2. Banner 的版式构图

Banner 的版式构图比较丰富，常用的有左右构图、上下构图、左中右构图、上中下构图、对角线构图、十字形构图和包围形构图。图 4-3 所示为左中右构图的 Banner。

图 4-3

任务4.1　制作时尚彩妆类电商Banner

任务引入

制作时尚彩妆类
电商 Banner

阿奢玛是一个涉及护肤、彩妆、香水等多个产品领域的护肤品牌。

该公司计划推出"迷人彩妆"系列产品，需设计一款用于线上宣传的 Banner，要求设计符合年轻人的喜好，突出产品特色。

 设计理念

本任务要求设计的 Banner 如图 4-4 所示。该 Banner 以产品实物为主体，并用插画元素来装饰画面；画面中的色彩明亮鲜艳，使人产生愉悦感；画面的版式活而不散，充满青春气息。设计的最终效果请参看本书"相关资源"中的"Ch04 → 效果 → 制作时尚彩妆类电商 Banner"文件。

图4-4

任务知识

对图像进行编辑，首先要进行图像的操作。能够快捷精确地选择图像是提高处理图像效率的关键。

1. 矩形选框工具

在属性栏选择矩形选框工具或反复按 Shift + M 组合键切换至矩形选框工具，其属性栏具体功能如图 4-5 所示。

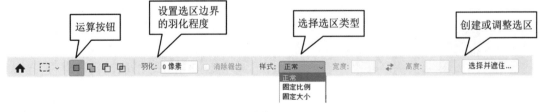

图 4-5

选择矩形选框工具，在图像中的适当位置按住鼠标左键不放，向右下方拖曳，绘制出矩形选区，松开鼠标则矩形选区绘制完成，如图 4-6 所示。若按住 Shift 键，则在图像中可以绘制出正方形选区，如图 4-7 所示。

图 4-6　　　　　　　　　　　图 4-7

2. 椭圆选框工具

在属性栏选择椭圆选框工具或反复按 Shift＋M 组合键切换至椭圆选框工具，如图 4-8 所示，其属性栏具体功能与矩形选框工具的相同，这里不再赘述。

图 4-8

选择椭圆选框工具，在图像中的适当位置按住鼠标左键不放并拖曳，绘制出椭圆形的选区，松开鼠标则椭圆形选区绘制完成，如图 4-9 所示。若按住 Shift 键，则在图像中可以绘制出圆形选区，如图 4-10 所示。

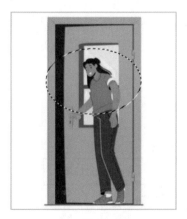 

图 4-9　　　　　　　　　　　图 4-10

3. 套索工具

在属性栏选择套索工具或反复按 Shift＋L 组合键切换至套索工具，其属性栏具体功能如图 4-11 所示。

图 4-11

选择套索工具，在图像中的适当位置按住鼠标左键不放并拖曳，在图像周围进行绘制，如图 4-12 所示。松开鼠标，绘制的区域自动闭合并生成选区，效果如图 4-13 所示。

图 4-12　　　　　　　　　　　　　　　图 4-13

4. 多边形套索工具

在属性栏选择多边形套索工具，在图像中单击设置选区的起点，依次单击设置选区的其他点，效果如图 4-14 所示。将鼠标指针移回起点，完成选区绘制，如图 4-15 所示。单击即可封闭选区，效果如图 4-16 所示。

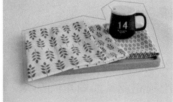

图 4-14　　　　　　　　　　图 4-15　　　　　　　　　　图 4-16

在使用多边形套索工具绘制选区时，按 Enter 键可封闭选区；按 Esc 键可取消选区；按 Delete 键可删除刚刚单击创建的选区点。

5. 磁性套索工具

在属性栏选择磁性套索工具或反复按 Shift + L 组合键切换至磁性套索工具，其属性栏具体功能如图 4-17 所示。

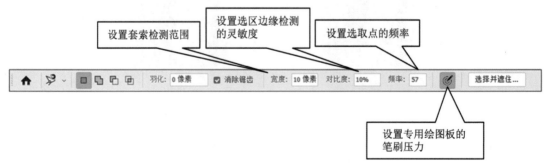

图4-17

选择磁性套索工具，在图像中的适当位置按住鼠标左键不放，围绕所选图像的边缘拖曳，磁性轨迹会紧贴所选图像，如图 4-18 所示。将鼠标指针移回起点，如图 4-19 所示。

单击即可封闭选区，效果如图 4-20 所示。

图 4-18　　　　　　　　　图 4-19　　　　　　　　　图 4-20

在使用磁性套索工具绘制选取时，按 Enter 键可封闭选区；按 Esc 键可取消选区；按 Delete 键可删除刚刚单击创建的选取点。

6.魔棒工具

在属性栏选择魔棒工具或反复按 Shift + W 组合键切换至魔棒工具，其属性栏具体功能如图 4-21 所示。

图 4-21

选择魔棒工具，在图像中用鼠标左键单击需要选择的颜色区域，即可得到需要的选区，如图 4-22 所示。调整属性栏中的容差值，用鼠标左键单击需要选择的颜色区域，不同容差值的选区效果如图 4-23 所示。

图 4-22　　　　　　　　　　　　图 4-23

7.羽化选区

在图像中绘制选区，如图 4-24 所示。选择"选择→修改→羽化"命令，弹出"羽化选区"对话框，在其中设置"羽化半径"，如图 4-25 所示。单击"确定"按钮，即可羽化选区。按 Shift + Ctrl + I 组合键，反选选区，如图 4-26 所示。

图 4-24　　　　　　　　　　图 4-25　　　　　　　　　　图 4-26

在选区中填充颜色后，取消选区，效果如图 4-27 所示。还可以在绘制选区前，在所用工具的属性栏中直接输入羽化的像素值，如图 4-28 所示。此时，绘制的选区自动变成带有羽化边缘的选区。

图 4-27

图 4-28

8. 取消选区

选择"选择→取消选择"命令 (或按 Ctrl + D 组合键)，可以取消选区。

9. 快速选择工具

在属性栏选择快速选择工具，其属性栏具体功能如图 4-29 所示。勾选"自动增强"复选框，可以调整绘制的选区边缘的粗糙度。单击"选择主体"按钮可以自动为图像中最突出的部分创建选区。

图 4-29

单击"画笔"右侧的下拉按钮，弹出画笔选项面板，如图 4-30 所示，在其中可以设置画笔的大小、硬度、间距、角度和圆度。

图 4-30

任务实施

本任务通过对素材的操作，让读者进行选区的绘制，并对选区进行移动、反选、魔棒等调整操作。

(1) 打开 Photoshop CC 2019，按 Ctrl + O 组合键，弹出"打开"对话框，打开本书"相关资源"中的"Ch04 → 素材→制作时尚彩妆类电商 Banner → 02"文件，如图 4-31 所示。选择矩形选框工具，在"02"图像窗口中按住鼠标左键不放，沿着化妆品盒的边缘拖曳，绘制选区，如图 4-32 所示。

图 4-31　　　　　　　　　　　　　　　图 4-32

(2) 按 Ctrl + O 组合键，弹出"打开"对话框，打开本书"相关资源"中的"Ch04 → 素材→制作时尚彩妆类电商 Banner → 01 文件，如图 4-33 所示。选择移动工具，将"02"图像窗口选区中的图像拖曳到"01"图像窗口中的适当位置，如图 4-34 所示。此时，"图层"控制面板中将生成一个新图层，将其命名为"化妆品 1"。

图 4-33　　　　　　　　　　　　　　　图 4-34

(3) 按 Ctrl + T 组合键，图像周围会出现变换框，将鼠标指针移至变换框控制手柄的外侧，鼠标指针将变为旋转图标。按住鼠标左键不放并拖曳，将图像旋转到适当的角度。按 Enter 键确认操作，效果如图 4-35 所示。

图 4-35

(4) 选择椭圆选框工具，按住 Shift 键的同时，在"02"图像窗口中按住鼠标左键不放，沿着化妆品边缘拖曳，绘制圆形选区，如图 4-36 所示。选择移动工具，将"02"图像窗口选区中的图像拖曳到"01"图像窗口中的适当位置，如图 4-37 所示。此时，"图层"控制面板中将生成一个新图层，将其命名为"化妆品 2"。

图 4-36　　　　　　　　　　　　　　　　　图 4-37

(5) 选择多边形套索工具，在"02"图像窗口中沿着化妆品边缘单击绘制选区，如图 4-38 所示。选择移动工具，将"02"图像窗口选区中的图像拖曳到"01"图像窗口中的适当位置，如图 4-39 所示。此时，"图层"控制面板中将生成一个新图层，将其命名为"化妆品 3"。

图 4-38　　　　　　　　　　　　　　　　　图 4-39

(6) 按 Ctrl + O 组合键，弹出"打开"对话框，打开本书"相关资源"中的"Ch04 → 素材 → 制作时尚彩妆类电商 Banner → 03"文件。选择魔棒工具，在"03"图像窗口中的背景区域单击鼠标左键，则化妆品图像周围会生成选区，如图 4-40 所示。按 Shift + Ctrl + I 组合键，反选选区，如图 4-41 所示。

图 4-40　　　　　　　　图 4-41

(7) 选择移动工具，将"03"图像窗口选区中的图像拖曳到"01"图像窗口中的适当位置，如图 4-42 所示。此时，"图层"控制面板中将生成一个新图层，将其命名为"化妆品 4"。

图 4-42

(8) 按 Ctrl + O 组合键，弹出"打开"对话框，打开本书"相关资源"中的"Ch04 → 素材→制作时尚彩妆类电商 Banner → 04、05"文件。选择移动工具，将刚打开的图像分别拖曳到"01"图像窗口中的适当位置，效果如图 4-43 所示。此时，"图层"控制面板中将生成两个新图层，将两个新图层分别命名为"云 1"和"云 2"。

图 4-43

(9) 选择"云 1"图层，如图 4-44 所示。将该图层拖曳到"化妆品 1"图层的下方，如图 4-45 所示。"01"图像窗口中的效果如图 4-46 所示。

图 4-44　　　　　　　　　　图 4-45

图 4-46

至此，时尚彩妆类电商 Banner 制作完成。

扩展实践　制作家装网站首页 Banner

如图 4-47 所示，使用移动工具移动素材，使用矩形选框工具和椭圆选框工具绘制阴影，使用图层样式为图片添加特殊效果；使用矩形工具、横排文字工具、直排文字工具和"字符"控制面板添加品牌及活动信息。最终效果请参看本书"相关资源"中的"Ch04 → 效果→制作家装网站首页 Banner"文件。

图 4-47

制作家装网站
首页 Banner

任务4.2　制作箱包App首页Banner

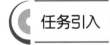

任务引入

制作箱包 App
主页 Banner

本任务要求制作箱包 App 首页 Banner。该 App 是箱包销售平台，消费对象是年轻群体。要求设计在展现出产品特色的同时，突出产品的优惠力度。

设计理念

本任务要求设计的 Banner 如图 4-48 所示。该 Banner 使用纯色背景营造出清新的氛围；主体图片与背景、主题紧密结合，宣传主题令人一目了然；画面的整体色调富有朝气，给人青春洋溢的感觉；文字醒目突出，强化了宣传效果。设计的最终效果请参看本书"相关资源"中的"Ch04 → 效果→制作箱包 App 首页 Banner"文件。

图 4-48

任务知识

利用路径工具可以绘制各种形状的矢量图形，还可以帮助用户精确地创建选区。钢笔工具是绘制路径的基本工具，使用钢笔工具可以绘制出各种各样的路径。

1. 钢笔工具

在属性栏选择钢笔工具或反复按 Shift + P 组合键切换至钢笔工具，其属性栏具体功能如图 4-49 所示。

图 4-49

在按住 Shift 键创建锚点时，将以 45° 或 45° 的倍数绘制路径。按住 Alt 键，当鼠标指针移到锚点上时，钢笔工具将转换为转换点工具。按住 Ctrl 键，钢笔工具将转换为直接选择工具。

1) 绘制直线

新建一个文件，选择钢笔工具，在其属性栏的"选择工具模式"下拉列表中选择"路径"选项，绘制路径；如果选择"形状"选项，则绘制出的是形状图层。勾选"自动添加 / 删除"复选框，可以在选择的路径上自动添加或删除锚点。

在图像中的任意位置单击，创建锚点，将鼠标指针移动到其他位置并单击，创建第 2 个锚点，两个锚点之间会自动生成直线，如图 4-50 所示。将鼠标指针移动到其他位置并单击，创建第 3 个锚点，第 2 个锚点和第 3 个锚点之间将生成一条直线，如图 4-51 所示。

图 4-50

图 4-51

2) 绘制曲线

选择钢笔工具，单击创建新的锚点后按住鼠标左键不放并拖曳，创建曲线段和曲线锚点，如图 4-52 所示。释放鼠标，在按住 Alt 键的同时，单击刚创建的曲线锚点，如图 4-53 所示，将其转换为直线锚点。在其他位置单击创建下一个锚点，在曲线段后面绘制出直线，如图 4-54 所示。

图 4-52 　　　　　　　　图 4-53 　　　　　　　　图 4-54

2. 添加锚点工具

将鼠标指针移动到创建好的路径上，若当前此处没有锚点，则钢笔工具将转换成添加锚点工具，如图 4-55 所示。在路径上单击可以添加一个锚点，效果如图 4-56 所示。

图 4-55 　　　　　　　　　　　图 4-56

将鼠标指针移动到创建好的路径上，若当前此处没有锚点，则钢笔工具将转换成添加锚点工具，如图 4-57 所示。单击添加锚点后按住鼠标左键不放并向上拖曳，可以创建曲线段和曲线锚点，效果如图 4-58 所示。

图 4-57 　　　　　　　　　　　图 4-58

3. 删除锚点工具

将鼠标指针移到直线路径的锚点上，钢笔工具将转换成删除锚点工具，如图 4-59 所示。单击锚点可将其删除，效果如图 4-60 所示。

图 4-59　　　　　　　　　　　　　图 4-60

将鼠标指针移到直线路径的锚点上，钢笔工具将转换成删除锚点工具，如图 4-61 所示。单击锚点可将其删除，效果如图 4-62 所示。

图 4-61　　　　　　　　　　　　　图 4-62

4. 转换点工具

使用钢笔工具在图像中绘制三角形路径，如图 4-63 所示。当要闭合路径时，鼠标指针将变为形状，单击即可闭合路径，完成三角形路径的绘制，如图 4-64 所示。

选择转换点工具，将鼠标指针移到三角形左上角的锚点上，如图 4-65 所示。在锚点上按住鼠标左键不放并向右上方拖曳，得到曲线锚点，如图 4-66 所示。使用相同的方法将三角形的其他锚点转换为曲线锚点，如图 4-67 所示。绘制完成后，路径效果如图 4-68所示。

图 4-63　　　　　　　　　　图 4-64　　　　　　　　　　图 4-65

图 4-66　　　　　　　　　　图 4-67　　　　　　　　　　图 4-68

5. 路径与选区的转换

1) 将选区转换为路径

在图像中绘制选区,如图 4-69 所示。单击"路径"控制面板右上方的图标,在弹出的菜单中选择"建立工作路径"命令,弹出"建立工作路径"对话框,如图 4-70 所示。其中,"容差"文本框用于设置转换时的误差值,数值越小越精确,路径上的关键点也越多。如果要编辑生成的路径,则此处设置的"容差"值最好为 2.0。设置完成后单击"确定"按钮,即可将选区转换为路径,效果如图 4-71 所示。

图 4-69   图 4-70   图 4-71

单击"路径"控制面板下方的"从选区生成工作路径"按钮,也可以将选区转换为路径。

2) 将路径转换为选区

在图像中创建路径,单击"路径"控制面板右上方的图标,在弹出的菜单中选择"建立选区"命令,弹出"建立选区"对话框,如图 4-72 所示。在该对话框中设置完成后,单击"确定"按钮,即可将路径转换为选区,效果如图 4-73 所示。

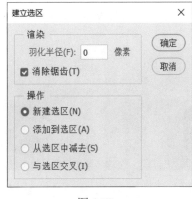

图 4-72   图 4-73

单击"路径"控制面板下方的"将路径作为选区载入"按钮,也可以将路径转换为选区。

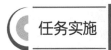
任务实施

本任务通过对箱包素材的操作,让读者掌握钢笔和路径工具的使用。

(1) 打开 Photoshop CC 2019，按 Ctrl + O 组合键，弹出"打开"对话框，打开本书"相关资源"中的"Ch04→素材→制作箱包 App 首页 Banner→01"文件，如图 4-74 所示。选择钢笔工具，在其属性栏的"选择工具模式"下拉列表中选择"路径"选项，在图像窗口中沿着实物轮廓绘制路径，如图 4-75 所示。

图 4-74   图 4-75

(2) 按住 Ctrl 键，钢笔工具将转换为直接选择工具，如图 4-76 所示。拖曳路径上的锚点来改变路径的弧度，如图 4-77 所示。

图 4-76   图 4-77

(3) 将鼠标指针移动到路径上，钢笔工具将转换为添加锚点工具，如图 4-78 所示。在路径上单击添加锚点，如图 4-79 所示。按住 Ctrl 键，钢笔工具将转换为直接选择工具，拖曳路径上的锚点来改变路径的弧度，如图 4-80 所示。

图 4-78   图 4-79   图 4-80

(4) 用相同的方法调整路径，效果如图 4-81 所示。单击属性栏中的"路径操作"按钮，在弹出的下拉列表中选择"排除重叠形状"选项，在适当的位置绘制多个路径，如图 4-82 所示。按 Ctrl + Enter 组合键，将路径转换为选区，如图 4-83 所示。

图 4-81   图 4-82   图 4-83

(5) 按 Ctrl + N 组合键，弹出"新建文档"对话框，在其中设置"宽度"为 750 像素、"高度"为 200 像素、"分辨率"为 72 像素 / 英寸、"颜色模式"为 RGB、"背景内容"为浅蓝色 (232，239，248)。单击"创建"按钮，完成新建文件。

(6) 选择移动工具，将选区中的图像拖曳到新建的图像窗口中，如图 4-84 所示。此时，"图层"控制面板中将生成一个新的图层，将其命名为"包包"。按 Ctrl + T 组合键，图像周围会出现变换框，按住鼠标左键不放并拖曳鼠标，调整图像的大小和位置。按 Enter 键确认操作，效果如图 4-85 所示。

图 4-84   图 4-85

(7) 新建一个图层并将其命名为"投影"。选择椭圆选框工具，在其属性栏中将"羽化"设置为 5，在图像窗口中按住鼠标左键不放并拖曳，绘制椭圆形选区。按 Alt + Delete 组合键，用前景色填充选区中的图像。按 Ctrl + D 组合键，取消选区，效果如图 4-86 所示。在"图层"控制面板中将"投影"图层拖曳到"包包"图层的下方，效果如图 4-87 所示。

图 4-86   图 4-87

(8) 选择"包包"图层。按 Ctrl + O 组合键,弹出"打开"对话框,打开本书"相关资源"中的"Ch04 → 素材→制作箱包 App 首页 Banner → 02"文件。选择移动工具时,将"02"图像窗口选区中的图像拖曳到"01"图像窗口,在弹出的下拉列表中选择"排除重叠形状"选项,在适当的位置绘制多个路径。按 Ctrl + Enter 组合键,将路径转换为选区。此时,面板中将生成一个新图层,将其命名为"文字"。

至此,箱包 App 首页 Banner 制作完成,效果如图 4-88 所示。

图 4-88

 扩展实践　制作箱包饰品类网站首页 Banner

如图 4-89 所示,使用钢笔工具和添加锚点工具绘制路径,使用选区和路径的转换命令进行相应的转换操作,使用横排文字工具添加文字,使用矩形工具绘制装饰矩形。最终效果请参看本书"相关资源"中的"Ch04 → 效果→制作箱包饰品类网站首页 Banner"文件。

图 4-89

制作箱包饰品类
网站首页 Banner

 # 任务4.3　项目演练——制作家电类网店Banner

 任务引入

制作家电新品
Banner

本任务是为一家综合性电器销售网站针对近期推出的优惠活动制作

一款网店 Banner，以吸引更多的顾客。

设计理念

　　本任务要求设计的 Banner 如图 4-90 所示。该 Banner 使用明亮的背景色，给人轻快、愉悦的感觉；以电器图片为主要元素，突显出宣传主体；文字醒目突出，能吸引人们的视线；整体设计简洁大方，能够清晰地传递宣传信息。设计的最终效果请参看本书"相关资源"中的"Ch04 → 效果→制作家电类网店 Banner"文件。

图 4-90

项目 5
制作手机界面——App 设计

　　界面是 App 设计中最重要的部分之一，将最终呈现给用户。App 界面设计是涉及版面布局、颜色搭配等的综合性工作。通过本项目的学习，读者可以对 App 界面设计有基本的认识，并掌握制作 App 常用界面的规范和方法。

●●━▶ 学习引导

知识目标

- 了解 App 的概念
- 掌握 App 的设计流程和分类

能力目标

- 熟悉 App 界面的制作思路和过程
- 掌握 App 界面的制作方法和技巧

素养目标

- 培养 App 界面的设计能力
- 培养导向正确的审美意识和审美能力，形成高尚的审美观

实训任务

- 制作时尚娱乐 App 的引导界面
- 制作旅游 App 的登录界面

相关知识

　　App 是 "Application" 的缩写，一般指智能手机的第三方应用程序。部分 App 界面如图 5-1 所示。用户主要从应用商店下载 App，比较常用的应用商店有 App Store、华为应用市场等。应用程序的运行与操作系统密不可分，目前市场上主要的智能手机操作系统有苹果公司的 iOS 系统和谷歌公司的 Android 系统。对 UI 设计师而言，要进行 App 界面设计工作，需要学习这两大操作系统的界面设计知识。

图 5-1

1. App 的设计流程

App 设计可以按照分析调研、交互设计、交互自查、界面设计、界面测试、设计验证的步骤进行，如图 5-2 所示。

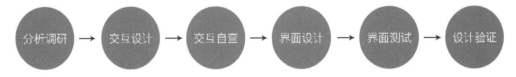

图 5-2

2. App 的分类

App 的类别包括社区交友、影音娱乐、休闲娱乐、生活服务、旅游出行、电商平台、金融理财、健康医疗、学习教育、资讯阅读等。部分 App 界面如图 5-3 所示。

图 5-3

任务5.1　制作时尚娱乐App的引导界面

制作时尚娱乐
App 引导页

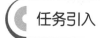

任务引入

　　本任务要求为一个时尚娱乐 App 设计制作最新一期杂志的引导界面，要求体现出本期杂志的主题，画面简约、清新。

设计理念

图 5-4

　　本任务要求设计的界面如图 5-4 所示。该界面整体色调淡雅，展示了文艺风格；使用人物照片素材突出了杂志主题，能更好地吸引用户；使用简洁的文字起到了丰富画面的效果。设计的最终效果请参看本书"相关资源"中的"Ch05 →效果→制作时尚娱乐 App 的引导界面"文件。

任务知识

　　由于拍摄环境光线等因素的影响，当用户对图像的明暗效果不满意时，可以对图像的色调进行调整。Photoshop CC 2019 中提供了很多色调调整命令，不同的命令具有不同的特点和适用范围，熟练运用这些命令能够轻松地调整图像的色调。

　　1."色阶"命令

　　打开一张图片，如图 5-5 所示。选择"图像→调整→色阶"命令 (或按 Ctrl + L 组合键)，弹出"色阶"对话框，如图 5-6 所示。根据需要在该对话框中进行设置，如图 5-7 所示。单击"确定"按钮，效果如图 5-8

图 5-5

所示。

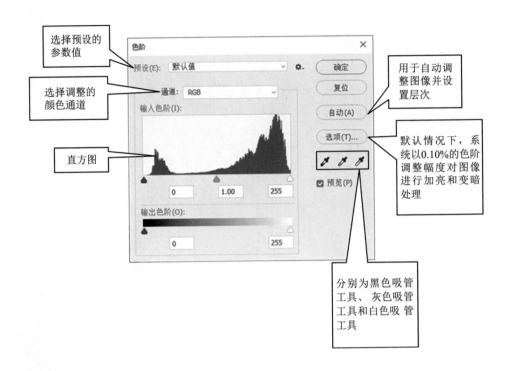

图 5-6

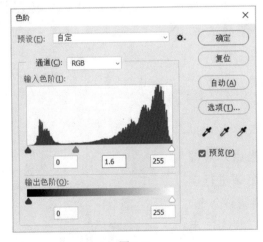

图 5-7

图 5-8

2. "阴影 / 高光"命令

打开一张图片，如图 5-9 所示。选择"图像→调整→阴影 / 高光"命令，弹出"阴影 /
高光"对话框。在其中勾选"显示更多选项"复选框，其他设置如图 5-10 所示。单击"确
定"按钮，效果如图 5-11 所示。

图 5-9　　　　　　　　　　　图 5-10　　　　　　　　　　　图 5-11

3. "色彩平衡" 命令

选择 "图像→调整→色彩平衡" 命令 (或按 Ctrl + B 组合键)，弹出 "色彩平衡" 对话框，如图 5-12 所示。根据需要在该对话框中进行设置，如图 5-13 所示。单击 "确定" 按钮，效果如图 5-14 所示。

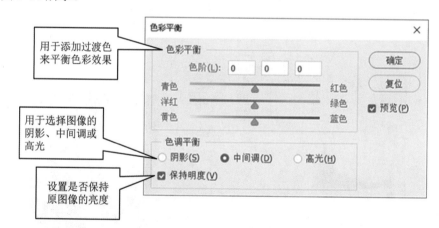

图 5-12

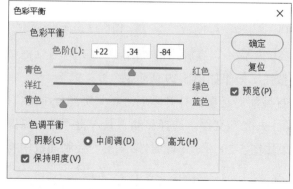

图 5-13　　　　　　　　　　　　　　　　　图 5-14

任务实施

本任务通过对时尚娱乐 App 引导界面的设计，让读者掌握色阶、阴影 / 高光等命令的使用。

(1) 打开 Photoshop CC 2019，按 Ctrl + N 组合键，弹出"新建文档"对话框。设置"宽度"为 750 像素、"高度"为 1334 像素、"分辨率"为 72 像素 / 英寸、"颜色模式"为 RGB、"背景内容"为白色，单击"创建"按钮，新建文件。

(2) 按 Ctrl + O 组合键，弹出"打开"对话框，打开本书"相关资源"中的"Ch05 → 素材 → 制作时尚娱乐 App 的引导界面 → 01"文件。选择移动工具，将人物图像拖曳到新建的图像窗口中的适当位置，效果如图 5-15 所示。此时，"图层"控制面板中将生成一个新的图层，将其命名为"人物"。

(3) 选择"图像 → 调整 → 色阶"命令，在弹出的"色阶"对话框中进行设置，如图 5-16 所示。单击"确定"按钮，效果如图 5-17 所示。

图 5-15

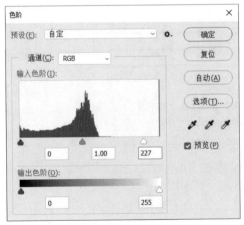

图 5-16

图 5-17

(4) 选择"图像 → 调整 → 阴影 / 高光"命令，在弹出的"阴影 / 高光"对话框中进行设置，如图 5-18 所示。单击"确定"按钮，效果如图 5-19 所示。

(5) 按 Ctrl + O 组合键，弹出"打开"对话框，打开本书"相关资源"中的"Ch05 → 素材 → 制作时尚娱乐 App 的引导界面 → 02"文件。选择移动工具，将"02"图像拖曳到新建的图像窗口中的适当位置，效果如图 5-20 所示。此时，"图层"控制面板中将生成一个新的图层，将其命名为"文字"。

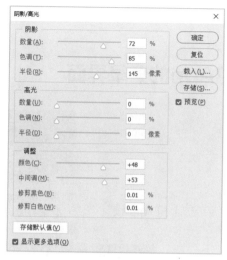

图 5-18　　　　　　　　图 5-19　　　　　　　图 5-20

至此，时尚娱乐 App 的引导界面制作完成。

扩展实践　制作摩托车 App 的闪屏界面

如图 5-21 所示，使用"色彩平衡"命令修正偏色的照片，使用图层混合模式和"不透明度"参数制作图片的叠加效果。最终效果请参看本书"相关资源"中的"Ch05 → 效果→制作摩托车 App 的闪屏界面"文件。

图 5-21

制作摩托车
App 闪屏页

任务5.2　制作旅游App的登录界面

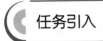

制作旅游 App
登录界面

本任务要求为一家涵盖 UI 设计、Logo 设计、VI 设计和 App 设计业务的设计公司，制作一款旅游 App 的登录界面。

设计理念

本任务要求设计的界面如图 5-22 所示。该界面的整体颜色以白色和蓝色为主，给人以科技感和现代感；主体元素为手机登录状态图片，配合整体的设计风格，令人印象深刻。设计的最终效果请参看本书"相关资源"中的"Ch05 → 效果→制作旅游 App 的登录界面"文件。

图 5-22

任务知识

绘制形状，在图像绘制时非常重要，下面将学习如何使用形状工具绘制各种形状。

1. 矩形工具

在属性栏选择矩形工具或反复按 Shift + U 组合键切换至矩形工具，其属性栏具体功能如图 5-23 所示。

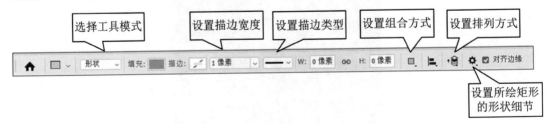

图 5-23

打开一张图片，如图 5-24 所示。在矩形工具属性栏中将填充颜色设置为白色。在图像窗口中绘制矩形，效果如图 5-25 所示。"图层"控制面板如图 5-26 所示。

图 5-24　　　　　　　　　　图 5-25　　　　　　　　　　图 5-26

2. 椭圆工具

在属性栏选择椭圆工具或反复按 Shift＋U 组合键切换至椭圆工具，其属性栏具体功能如图 5-27 所示。

图 5-27

打开一张图片，在椭圆工具属性栏中将填充颜色设置为白色。在图像窗口中绘制椭圆形，效果如图 5-28 所示。"图层"控制面板如图 5-29 所示。

图 5-28　　　　　　　　　　　　图 5-29

3. 圆角矩形工具

在属性栏选择圆角矩形工具或反复按 Shift＋U 组合键切换至圆角矩形工具，其属性栏具体功能如图 5-30 所示。

设置圆角矩形
的圆角半径

图 5-30

打开一张图片，在圆角矩形工具属性栏中将填充颜色设置为白色、半径设置为 40 像素。在图像窗口中绘制圆角矩形，效果如图 5-31 所示。"图层"控制面板如图 5-32 所示。

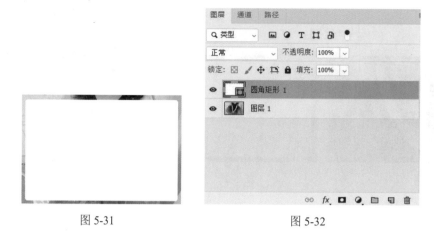

图 5-31   图 5-32

任务实施

本任务通过对旅游 App 登录界面的设计，让读者掌握形状工具的使用。

(1) 打开 Photoshop CC 2019，按 Ctrl + N 组合键，弹出"新建文档"对话框，在其中设置"宽度"为 595 像素、"高度"为 842 像素、"分辨率"为 72 像素 / 英寸、"颜色模式"为 RGB、"背景内容"为白色。单击"创建"按钮，新建文件。将前景色设置为蓝色 (117，200，212)。按 Alt + Delete 组合键，用前景色填充图层，效果如图 5-33 所示。

(2) 按 Ctrl + O 组合键，弹出"打开"对话框，打开本书"相关资源"中的"Ch05 → 素材→制作旅游 App 的登录界面→ 01"文件。选择移动工具，将"01"图像拖曳到图像窗口中的适当位置并调整其大小，效果如图 5-34 所示。此时，"图层"控制面板中将生成一个新的图层，将其命名为"手机"。将前景色设置为蓝绿色 (173，222，248)。选择矩形工具，将其属性栏中的"选择工具模式"设置为形状，在图像窗口中的适当位置绘制矩形，效果如图 5-35 所示。此时，"图层"控制面板中将生成一个新的图层，将其命名为"矩形 1"。

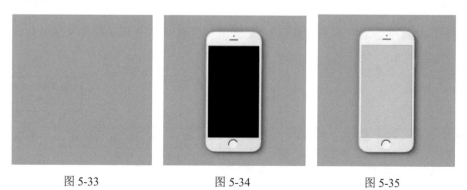

图 5-33   图 5-34   图 5-35

(3) 将前景色设置为白色。选择椭圆工具，在按住 Shift 键的同时，在图像窗口中的适当位置绘制圆形，在其属性栏中将填充颜色设置为白色，效果如图 5-36 所示。此时，"图层"控制面板中将生成一个新的图层，将其命名为"椭圆 1"。选择矩形工具，在适当的位置绘制红色 (232，56，40) 和蓝灰色 (54，62，72) 的矩形，效果如图 5-37 所示。此时，"图层"控制面板中将生成两个新的图层，分别将其命名为"矩形 2"和"矩形 3"。

(4) 选择圆角矩形工具，将"半径"设置为 100 像素，在图像窗口中的适当位置绘制圆角矩形，在其属性栏中将填充颜色设置为浅灰色 (239，239，239)。此时，"图层"控制面板中将生成一个新的图层，将其命名为"圆角矩形 1"。单击圆角矩形工具属性栏中的"路径操作"按钮，在弹出的下拉列表中选择"排除重叠形状"选项，在适当的位置绘制圆角矩形，效果如图 5-38 所示。

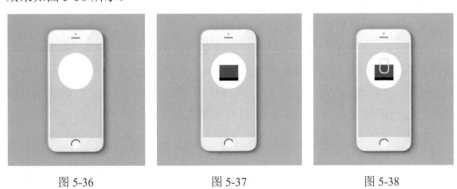

图 5-36　　　　　　　　　图 5-37　　　　　　　　　图 5-38

(5) 在"图层"控制面板中将"圆角矩形 1"图层拖曳到"矩形 2"图层的下方，效果如图 5-39 所示。选择"矩形 3"图层，选择矩形工具，在适当的位置绘制白色和蓝绿色 (117，200，212) 的矩形，效果如图 5-40 所示。此时，"图层"控制面板中将生成两个新的图层，分别将其命名为"矩形 4"和"矩形 5"。选择椭圆工具，在适当的位置绘制两个白色的椭圆形，如图 5-41 所示。此时，"图层"控制面板中将生成两个新的图层，分别将其命名为"椭圆 2"和"椭圆 3"。

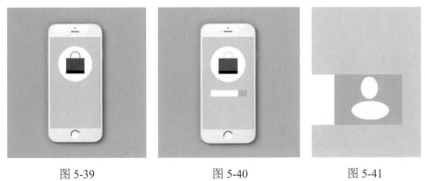

图 5-39　　　　　　　　　图 5-40　　　　　　　　　图 5-41

(6) 选择"椭圆 3"图层，选择直接选择工具，选择椭圆形下方的锚点，按 Delete 键删除该锚点，如图 5-42 所示。单击椭圆工具属性栏中的"路径操作"按钮，在弹出的下拉列表中选择"减去顶层形状"选项，在适当的位置绘制椭圆形，效果如图 5-43 所示。

(7) 将前景色设置为黑色。选择横排文字工具，在适当的位置输入需要的文字并选择文字，在其属性栏中选择合适的字体和文字大小，按 Alt + →组合键调整字距，效果如图 5-44 所示。此时"图层"控制面板中将生成新的文字图层。

图 5-42　　　　　　　图 5-43　　　　　　　图 5-44

(8) 在按住 Shift 键的同时选择"矩形 4"和"矩形 5"图层。按 Ctrl + J 组合键，复制图层。按 Shift + Ctrl +] 组合键，将复制的图层置于顶层。选择移动工具，将复制图层中的图像拖曳到适当的位置，效果如图 5-45 所示。

(9) 选择椭圆工具，按住 Shift 键的同时，在适当的位置绘制圆形，在其属性栏中将填充颜色设置为深灰色 (76，73，72)，效果如图 5-46 所示。此时，"图层"控制面板中将生成一个新的图层，将其命名为"椭圆 4"。选择移动工具，在按住 Alt + Shift 组合键的同时将圆形拖曳到适当的位置，复制出多个圆形，如图 5-47 所示。

图 5-45　　　　　　　图 5-46　　　　　　　图 5-47

(10) 选择"矩形 3"图层，在按住 Shift 键的同时单击"圆角矩形 1"图层，同时选择"矩形 3"图层和"圆角矩形 1"图层之间的所有图层。按 Ctrl + J 组合键复制图层，如图 5-48 所示。按 Shift + Ctrl +] 组合键，将复制的图层置于顶层。选择移动工具，将复制图层中的图形拖曳到适当的位置，并调整其大小，效果如图 5-49 所示。将所有图形填充为白色，效果如图 5-50 所示。

图 5-48

图 5-49

图 5-50

(11) 选择矩形工具，在适当的位置绘制红色 (232，56，40) 矩形，如图 5-51 所示。此时，"图层"控制面板中将生成一个新的图层，将其命名为"矩形 6"。选择横排文字工具，在适当的位置输入需要的文字并选择文字，在其属性栏中选择合适的字体和文字大小，将文字填充为白色，按 Alt + →组合键调整字距，效果如图 5-52 所示。此时，"图层"控制面板中将生成新的文字图层。

至此，旅游 App 的登录界面制作完成，效果如图 5-53 所示。

图 5-51　　　　　　　图 5-52　　　　　　　图 5-53

扩展实践　制作旅游 App 的主界面

如图 5-54 所示，使用移动工具移动素材图片，使用横排文字工具添加宣传文字，使用矩形工具和椭圆工具绘制装饰图形。最终效果请参看本书"相关资源"中的"Ch05 → 效果→制作旅游 App 的主界面"文件。

图 5-54

制作旅游 App
主界面

任务5.3　项目演练——制作运动鞋App的销售界面

制作运动鞋
App 界面

　　某家服饰类公司的产品包括各式男女装、运动鞋、童装等。本任务
要求为该公司准备推出的一系列新款运动鞋制作 App 的销售界面，要求设计能给人清新
感和活力感，促进新产品的销售。

　　本任务要求设计的界面如图 5-55 所示。该界面的背景使用简单的几何元素进行装饰，
以突出前方的宣传主体；运动鞋与文字一起构成画面主体，使画面主次分明；文字简洁清
晰，使消费者能快速了解产品信息；画面色调对比强烈，能迅速吸引人们的注意。设计的
最终效果请参看本书"相关资源"中的"Ch05 → 效果→制作运动鞋 App 的销售界面"文件。

图 5-55

项目 6
制作互动广告——H5 设计

随着移动互联网的兴起，H5 逐渐成为互联网传播领域中的一种重要传播形式。H5 的应用形式丰富，交互体验良好，深受设计爱好者及专业设计师的喜爱。本项目将对 H5 的概念、应用及类型进行系统讲解。通过本项目的学习，读者将对 H5 有基本的认识，有助于后续高效地进行 H5 的设计与制作。

学习引导

知识目标
- 了解 H5 的概念
- 了解 H5 的应用和类型

能力目标
- 熟悉 H5 的制作思路和过程
- 掌握 H5 的制作方法和技巧

素养目标
- 培养 H5 的设计能力
- 培养 H5 的审美与鉴赏能力
- 关注国家时事，宣扬社会主义核心价值观

实训任务
- 制作汽车工业类活动邀请 H5
- 制作中信达娱乐 H5 首页

相关知识

H5 指的是移动端上基于 HTML5 技术制作的交互动态网页，它是一种用于移动互联网的新型营销工具，通过移动平台 (如微信) 进行传播。图 6-1 所示为部分 H5 页面。

图 6-1

1. H5 的应用

H5 的应用形式多样，常见的有品牌宣传、产品展示、活动推广、知识分享、新闻热点、会议邀请、企业招聘、培训招生等。图 6-2 所示为部分 H5 应用页面。

图 6-2

2. H5 的类型

H5 可分为营销宣传、知识新闻、游戏互动、网站应用这四类。图 6-3 所示为部分 H5 类型页面。

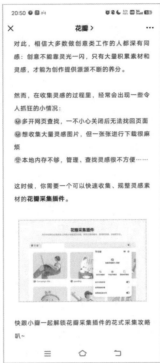

图 6-3

任务6.1　制作汽车工业类活动邀请H5

 任务引入

RSO 是一个汽车品牌，该公司主要生产商务和家用轿车。本任务要求为 RSO 公司制作一个汽车工业类活动邀请 H5，要求设计突出产品特色及卖点，立足公司定位。

制作汽车工业类
活动邀请 H5

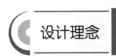 设计理念

本任务要求设计的 H5 如图 6-4 所示。该 H5 以实物照片为底图，具有视觉冲击力；

画面主次分明，以直观醒目的方式展现出了产品的特点；画面整体风格极具现代感，令人印象深刻。设计的最终效果请参看本书"相关资源"中的"Ch06→效果→制作汽车工业类活动邀请 H5"文件。

图6-4

任务知识

调整图像的亮度和色彩是 Photoshop CC 2019 的强项，也是必须要掌握的一项功能，在实际的设计制作中经常会使用到这项功能。

1．"照片滤镜"命令

打开一张图片，如图 6-5 所示。选择"图像→调整→照片滤镜"命令，弹出"照片滤镜"对话框，如图 6-6 所示。

图 6-5

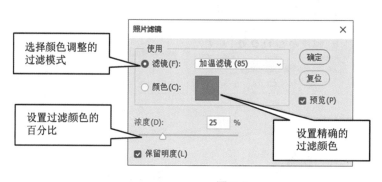

选择颜色调整的过滤模式

设置过滤颜色的百分比

设置精确的过滤颜色

图 6-6

勾选"保留明度"复选框，在进行调整时，图片的明度保持不变，效果如图 6-7 所示；取消勾选该复选框，在进行调整时，图片的明度会改变，效果如图 6-8 所示。

图 6-7

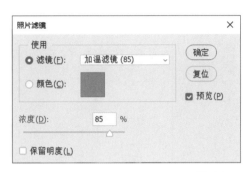

图 6-8

2. "亮度 / 对比度"命令

打开一张图片，如图 6-9 所示。选择"图像→调整→亮度 / 对比度"命令，弹出"亮度 / 对比度"对话框，如图 6-10 所示。该对话框各项设置如图 6-11 所示。单击"确定"按钮，效果如图 6-12 所示。

图 6-9   图 6-10

图 6-11   图 6-12

3. "HDR 色调"命令

打开一幅图像，选择"图像→调整→ HDR 色调"命令，弹出"HDR 色调"对话框，如图 6-13 所示。在该对话框中进行相关设置，单击"确定"按钮，可以改变图像高动态范围内的对比度和曝光度，效果如图 6-14 所示。

设置调整的范围和强度

调节图像的曝光度，以及其在阴影、高光部分的细节

调节图像中色彩的饱和度

显示图像直方图和调整图像色调的曲线

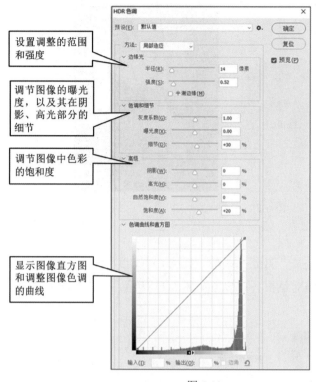

图 6-13

图 6-14

任务实施

本任务通过对汽车工业类活动邀请 H5 的设计，让读者熟悉照片滤镜、色阶和亮度 / 对比度等命令的应用。

(1) 打开 Photoshop CC 2019，按 Ctrl + N 组合键，弹出"新建文档"对话框，在其中设置"宽度"为 750 像素、"高度"为 1206 像素、"分辨率"为 72 像素 / 英寸、"颜色模式"为 RGB、"背景内容"为白色。单击"创建"按钮，新建文件。

(2) 按 Ctrl + O 组合键，弹出"打开"对话框，打开本书"相关资源"中的"Ch06 → 素材→制作汽车工业类活动邀请 H5 → 01"文件，如图 6-15 所示。选择移动工具，将"01"图像拖曳到新建的图像窗口中的适当位置。此时，"图层"控制面板中将生成一个新的图层，将其命名为"汽车"。

(3) 选择"图像→调整→照片滤镜"命令，在弹出的"照片滤镜"对话框中进行设置，如图 6-16 所示。单击"确定"按钮，效果如图 6-17 所示。

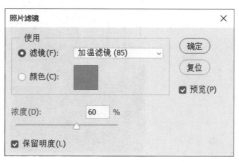

图 6-15　　　　　　　　　　　　　　图 6-16　　　　　　　　　　　　　图 6-17

(4) 按 Ctrl + L 组合键，弹出"色阶"对话框，各项设置如图 6-18 所示。单击"确定"按钮，效果如图 6-19 所示。

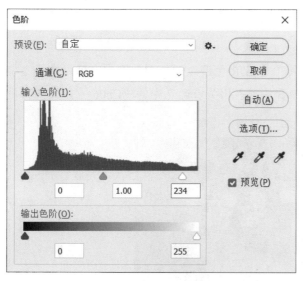

图 6-18　　　　　　　　　　　　　　　　　图 6-19

(5) 选择"图像→调整→亮度 / 对比度"命令，在弹出的"高度 / 对比度"对话框中进行设置，如图 6-20 所示。单击"确定"按钮，效果如图 6-21 所示。

(6) 按 Ctrl + O 组合键，弹出"打开"对话框，打开本书"相关资源"中的"Ch06 → 素材→制作汽车工业类活动邀请 H5 → 02"文件。选择移动工具，将"02"图像拖曳到新建的图像窗口中的适当位置，效果如图 6-22 所示。此时，"图层"控制面板中将生成一个新的图层，将其命名为"文字"。

图 6-20   图 6-21   图 6-22

至此，汽车工业类活动邀请 H5 制作完成。

扩展实践 制作食品餐饮行业产品介绍 H5

如图 6-23 所示，使用移动工具和"HDR 色调"命令调整图像，使用横排文字工具和图层样式添加文字。最终效果请参看本书"相关资源"中的"Ch06 → 效果→ 制作食品餐饮行业产品介绍 H5"文件。

图 6-23

制作食品餐饮行业
产品介绍 H5

任务6.2　制作中信达娱乐H5首页

制作中信达娱乐
H5 首页

任务引入

中信达是一家娱乐公司，主要业务包括音乐、影视等。本任务要求为中信达公司设计制作一个娱乐 H5 首页，要求设计风格鲜明，吸引有表演梦想的青年。

设计理念

本任务要求设计的 H5 首页如图 6-24 所示。该 H5 首页以人物图片为主，搭配简单的文字，突出简约、时尚的风格；整体画面具有层次感和梦幻感，紧扣主题，令人印象深刻。设计的最终效果请参看本书"相关资源"中的"Ch06 → 效果 → 制作中信达娱乐 H5 首页"文件。

图 6-24

任务知识

当商品图像的色彩不令人满意时，或者想通过改变图像效果使商品呈现出不同的视觉效果时，可以对图像进行色彩调整。在 Photoshop CC 2019 中，可以通过多种方式调整图像的色彩，如"色相 / 饱和度"命令、图像的混合模式、"像素化"滤镜等。

1. "色相 / 饱和度"命令

打开一张图片，如图 6-25 所示。选择"图像→调整→色相→饱和度"命令 (或按 Ctrl + U 组合键)，弹出"色相 / 饱和度"对话框，如图 6-26 所示。

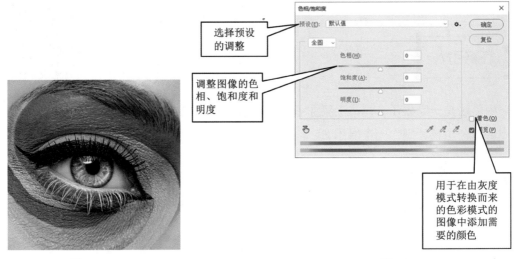

选择预设的调整

调整图像的色相、饱和度和明度

用于在由灰度模式转换而来的色彩模式的图像中添加需要的颜色

图 6-25　　　　　　　　　　　　图 6-26

"色相 / 饱和度"对话框中的各项设置如图 6-27 所示，单击"确定"按钮，效果如图 6-28 所示；再次打开"色相 / 饱和度"对话框，勾选"着色"复选框，"色相 / 饱和度"对话框中其他项的设置如图 6-29 所示，单击"确定"按钮，效果如图 6-30 所示。

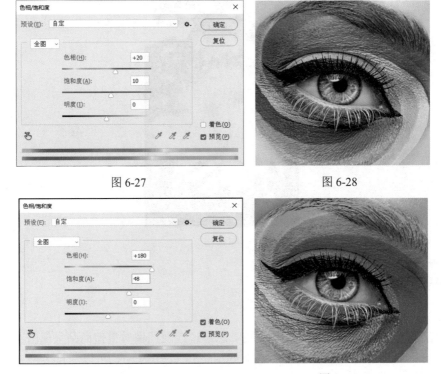

图 6-27　　　　　　　　　　　　图 6-28

图 6-29　　　　　　　　　　　　图 6-30

2. 图层的混合模式

图层的混合模式决定了当前图层中的图像与其下面图层中的图像以何种模式进行混合。

在"图层"控制面板中，下拉列表用于设定图层的混合模式，其中共有 27 种图层混合模式。打开如图 6-31 所示的图片，"图层"面板如图 6-32 所示。

图 6-31   图 6-32

对"冲浪板"图层应用不同的图层混合模式，图像的不同效果如图 6-33 所示。

正常   正片叠底   颜色加深

线性加深   浅色   叠加

柔光   强光   点光

图 6-33

3. "像素化"滤镜

"像素化"滤镜用于将图像分块或将图像平面化。"像素化"滤镜命令的子菜单如图 6-34 所示。使用不同的滤镜制作出的不同效果如图 6-35 所示。

彩块化
彩色半调...
点状化...
晶格化...
马赛克...
碎片
铜版雕刻...

图 6-34

原图   彩块化   彩色半调 …   点状化 …

晶格化 …   马赛克 …   碎片   铜版雕刻 …

图 6-35

任务实施

本任务通过对娱乐 H5 首页的设计，让读者熟悉图层混合模式和滤镜工具的应用。

(1) 打开 Photoshop CC 2019，按 Ctrl + N 组合键，弹出"新建文档"对话框，在其中

设置"宽度"为 750 像素、"高度"为 1206 像素、"分辨率"为 72 像素 / 英寸、"颜色模式"为 RGB、"背景内容"为白色。单击"创建"按钮，新建文件。

(2) 按 Ctrl + O 组合键，弹出"打开"对话框，打开本书"相关资源"中的"Ch06 → 素材→制作中信达娱乐 H5 首页→ 01"文件。选择移动工具，将图像拖曳到图像窗口中的适当位置，并调整其大小，效果如图 6-36 所示。此时，"图层"控制面板中将生成一个新图层，将其命名为"人物"。

(3) 按 Ctrl + J 组合键，复制"人物"图层，得到新的图层"人物拷贝"。在"图层"控制面板中将"人物拷贝"图层的混合模式设为"颜色减淡"，如图 6-37 所示。图像效果如图 6-38 所示。

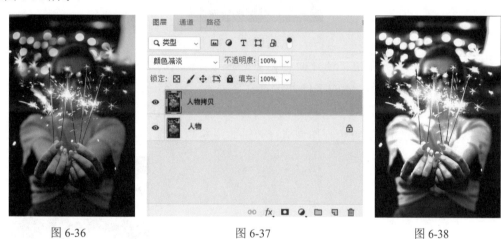

图 6-36　　　　　　　　　　　图 6-37　　　　　　　　　　　图 6-38

(4) 选择"滤镜→滤镜库"命令，在弹出的对话框中进行设置，如图 6-39 所示。单击"确定"按钮，效果如图 6-40 所示。

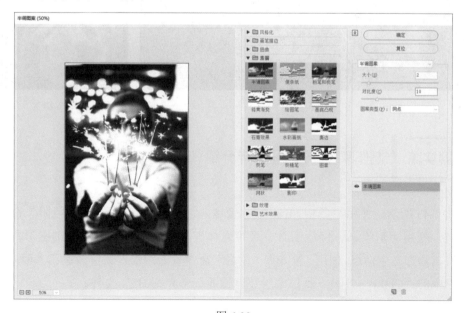

图 6-39

图 6-40

(5) 将前景色设置为白色。选择横排文字工具，在适当的位置输入需要的文字并选择文字，在其属性栏中选择合适的字体并设置文字大小，按 Alt + T 组合键调整字距，效果如图 6-41 所示。此时，"图层"控制面板中将生成新的文字图层。

至此，中信达娱乐 H5 首页制作完成，效果如图 6-42 所示。

图 6-41

图 6-42

扩展实践   制作家居装修行业杂志介绍 H5

如图 6-43 所示，使用"色相 / 饱和度"命令、"照片滤镜"命令和"色阶"命令调整图像色调，使用矩形工具、钢笔工具、直接选择工具和椭圆工具绘制装饰图形，使用横排文字工具添加文字信息，使用"置入嵌入对象"命令置入图像。最终效果请参看本书"相关资源"中的"Ch06 → 效果 → 制作家居装修行业杂志介绍 H5"文件。

图 6-43

制作家居装修行业
杂志介绍 H5

任务6.3　项目演练——制作食品餐饮行业
产品营销H5

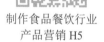

制作食品餐饮行业
产品营销 H5

　　玫极客比萨是一家中小型快餐店，其主打菜品为比萨、意面、小食、热汤、甜品和饮品。本任务要求为玫极客比萨制作一个产品营销 H5，要求设计主题明确，风格时尚简约，能够突出主打菜品的特点。

　　本任务要求设计的 H5 如图 6-44 所示。该 H5 采用多种食品元素搭配，能激发人的食欲；整体色调浓郁，让人感受到热情；文字信息醒目直观，宣传主题一目了然。设计的最终效果请参看本书"相关资源"中的"Ch06 →效果→制作食品餐饮行业产品营销 H5"文件。

图 6-44

项目 7
制作宣传广告——海报设计

海报是视觉设计中的主要表现形式，涵盖了图形、文字、版面、色彩等设计元素，其主题内容广泛，表现形式丰富，视觉效果突出。通过本项目的学习，读者可以掌握海报的设计方法和制作技巧。

学习引导

知识目标

- 了解海报的概念和分类
- 掌握海报的设计原则

能力目标

- 熟悉海报的绘制思路和过程
- 掌握海报的绘制方法和技巧

素养目标

- 培养海报的设计能力
- 培养对海报的审美与鉴赏能力
- 培养爱岗敬业的工匠精神

实训任务

- 制作摄影公众号的运营海报
- 制作招牌牛肉面海报

相关知识

海报也称"招贴"，是广告的表现形式之一，用来完成一定的信息传播任务。海报不仅能以印刷品的形式张贴在公共场合，也能以数字化的形式在数字媒体上展示。图 7-1 所示为部分海报。

图 7-1

1. 海报的分类

海报按其用途可以分为商业海报、文化海报、公益海报等。图 7-2 所示为部分海报。

图 7-2

2. 海报的设计原则

设计海报时应该遵循一定的原则，包括强烈的视觉冲击、精准的信息传播、独特的设计个性、悦目的美学效果等。图 7-3 所示为部分海报。

图 7-3

任务7.1　制作摄影公众号的运营海报

任务引入

制作摄影公众号
的运营海报

经典专业婚纱摄影公司专为新人提供多元化的优质婚纱
照拍摄服务。本任务要求为该公司制作一款摄影公众号的运
营海报，要求设计展现出专业的摄影技术，并给人以浪漫唯
美的感觉。

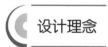

设计理念

本任务要求设计的海报如图 7-4 所示。该海报使用纯色背
景，突出展示身穿婚纱的人物主体；字体的设计令画面更具艺
术感、层次感，彰显制作公司的专业能力；整体画面营造出庄
重感，突出婚礼是神圣的这一主题。设计的最终效果请参看本
书"相关资源"中的"Ch07 → 效果 → 制作摄影公众号的运营
海报"文件。

图 7-4

任务知识

Photoshop 中通道和蒙版具有十分强大的功能,"通道是核心,蒙版是灵魂",它们是 Photoshop 用户从初级向中级进阶的重要门槛。在通道和蒙版的作用下,Photoshop 中的各项调整功能才能真正发挥到极致。

通道也可以说就是选区。在通道中,白色表示要处理的部分 (选择区域);黑色表示不需处理的部分 (非选择区域)。

蒙版是一种图层操作技术,可以用于遮挡或展示图片的一部分,也可以对图片进行修饰、涂鸦和滤镜效果处理。

1."通道"控制面板

选择"窗口→通道"命令,弹出"通道"控制面板,如图 7-5 所示。用户在这里可以管理所有的通道并对通道进行编辑。单击"通道"控制面板右上方的图标会弹出相关命令,如图 7-6 所示,使用这些命令可以对通道进行编辑。

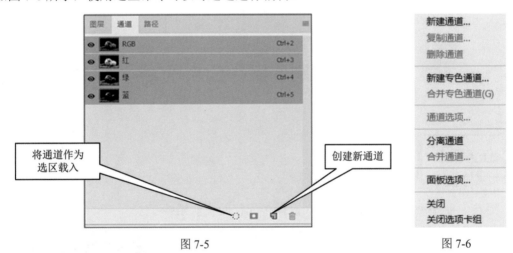

图 7-5　　　　　　　　　　　　　　　　　图 7-6

2."应用图像"命令

打开一幅图像并选择该图像。选择"图像→应用图像"命令,弹出"应用图像"对话框,如图 7-7 所示。

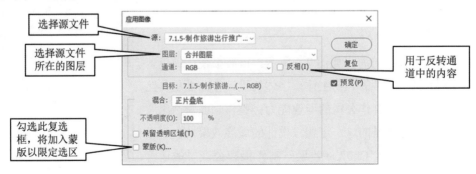

图 7-7

打开素材图像，如图 7-8 和图 7-9 所示。在两幅图像的"通道"控制面板中分别建立通道蒙版，其中黑色表示被遮住的区域，如图 7-10 和图 7-11 所示。

图 7-8

图 7-9

图 7-10

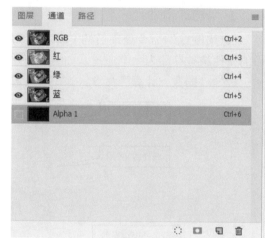

图 7-11

"应用图像"对话框中的各项设置如图 7-12 所示，单击"确定"按钮，效果如图 7-13 所示。勾选"蒙版"复选框，其他设置如图 7-14 所示，单击"确定"按钮，效果如图 7-15 所示。

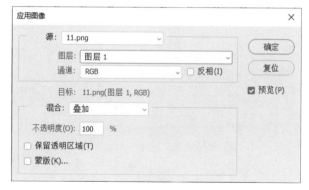

图 7-12

图 7-13

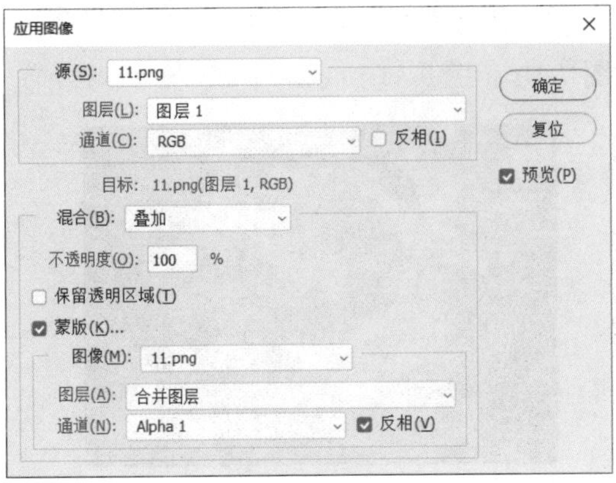

图 7-14　　　　　　　　　　　　　　　图 7-15

3. "计算"命令

"应用图像"命令处理后的文件可作为源文件或目标文件使用；而"计算"命令处理后的文件将被存储为一个通道，如 Alpha 通道，它可转变为选区供其他工具使用。

选择"图像→计算"命令，弹出"计算"对话框，如图 7-16 所示。

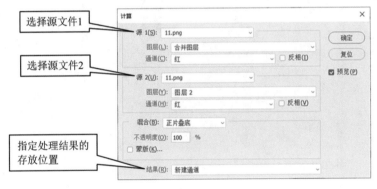

图 7-16

"计算"对话框中的各项设置如图 7-17 所示。单击"确定"按钮，进行通道运算后的新通道如图 7-18 所示，图像效果如图 7-19 所示。

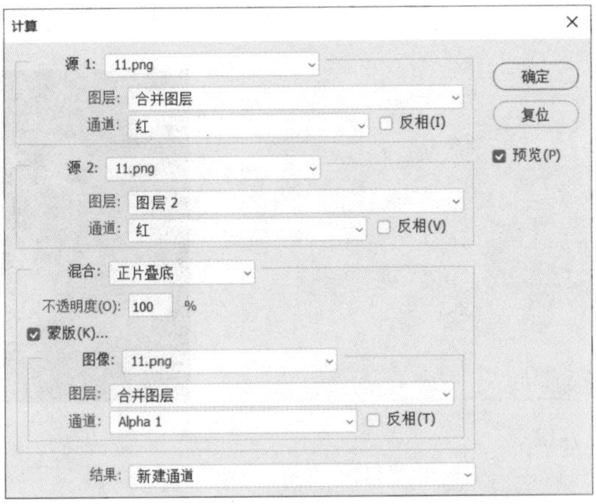

图 7-17

图 7-18　　　　　　　　　　　　　　　　　图 7-19

4. 图层蒙版

单击"图层"控制面板下方的"添加图层蒙版"按钮，可以创建图层蒙版，如图 7-20 所示。在按住 Alt 键的同时单击"图层"控制面板下方的"添加图层蒙版"按钮，可以创建一个遮盖了全部图层的图层蒙版，如图 7-21 所示。

图 7-20　　　　　　　　　　　　　　　　　图 7-21

在图层蒙版中绘制图形，选择"图层→图层蒙版→停用"命令，或在按住 Shift 键的同时单击"图层"控制面板中的图层蒙版缩览图，图层蒙版将被停用，如图 7-22 所示。图像将全部显示出来，如图 7-23 所示。在按住 Shift 键的同时再次单击图层蒙版缩览图，将恢复图层蒙版的使用，效果如图 7-24 所示。

图 7-22　　　　　　　　　图 7-23　　　　　　　　　图 7-24

选择"图层→图层蒙版→删除"命令，或在图层蒙版缩览图上单击鼠标右键，在弹出的快捷菜单中选择"删除图层蒙版"命令，可以将图层蒙版删除。

5. "曲线"命令

"曲线"命令可以通过调整图像色彩曲线上的任意一点来改变图像的色彩范围。打开一张图片，选择"图像→调整→曲线"命令 (或按 Ctrl + M 组合键)，弹出"曲线"对话框，如图 7-25 所示。在图像中单击，如图 7-26 所示，则"曲线"对话框中的曲线上会出现一个圆圈，其对应的横坐标为色彩的输入值，纵坐标为色彩的输出值，如图 7-27 所示。

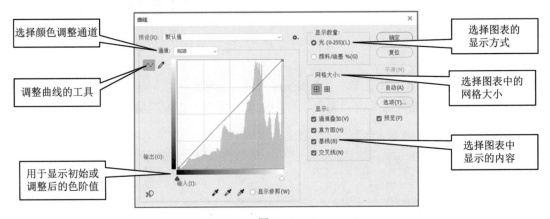

图 7-25

图 7-26

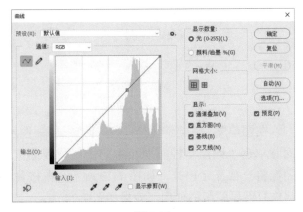

图 7-27

6. 直线工具

在属性栏选择直线工具或反复按 Shift + U 组合键切换至直线工具，其属性栏具体功能如图 7-28 所示。直线工具的属性栏与矩形工具的属性栏类似，只增加了"粗细"属性，用于设定直线的宽度。

图 7-28

单击属性栏中的按钮，弹出的选项面板如图 7-29 所示。打开一张图片，在属性栏中将填充颜色设置为白色，在图像窗口中绘制效果不同的直线，如图 7-30 所示。此时，"图层"控制面板如图 7-31 所示。

图 7-29   图 7-30   图 7-31

任务实施

本任务通过对摄影公众号运营海报的设计，让读者熟悉路径、通道、蒙版、图层样式等工具的应用。

(1) 打开 Photoshop CC 2019，按 Ctrl + O 组合键，弹出"打开"对话框，打开本书"相关资源"中的"Ch07 → 素材→制作摄影公众号的运营海报→ 01"文件，如图 7-32 所示。

(2) 选择钢笔工具，在其属性栏的"选择工具模式"下拉列表中选择"路径"选项，在图像窗口中沿着人物的轮廓绘制路径，绘制时要避开半透明的婚纱，如图 7-33 所示。单击钢笔工具属性栏中的"路径操作"按钮，在弹出的下拉列表中选择"减去顶层形状"选项，绘制路径，效果如图 7-34 所示。

图 7-32   图 7-33   图 7-34

(3) 选择路径选择工具，选择绘制的路径。按 Ctrl + Enter 组合键，将路径转换为选区，效果如图 7-35 所示。单击"通道"控制面板下方的"将选区存储为通道"按钮，将选区存储为通道，如图 7-36 所示。

 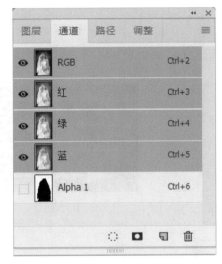

图 7-35　　　　　　　　　　　　　　　　图 7-36

(4) 将"红"通道拖曳到"通道"控制面板下方的"创建新通道"按钮上，复制"红"通道，如图 7-37 所示。选择钢笔工具，在图像窗口中沿着婚纱边缘绘制路径，如图 7-38 所示。按 Ctrl + Enter 组合键，将路径转换为选区，效果如图 7-39 所示。

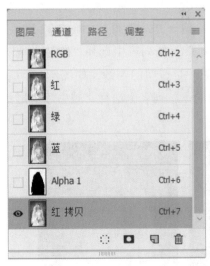  

图 7-37　　　　　　　　　图 7-38　　　　　　　　　图 7-39

(5) 将前景色设置为黑色。按 Shift + Ctrl + I 组合键，反选选区。按 Alt + Delete 组合键，用前景色填充选区。取消选区，效果如图 7-40 所示。选择"图像→计算"命令，在弹出的"计算"对话框中进行设置，如图 7-41 所示。单击"确定"按钮，得到新的通道图像，效果如图 7-42 所示。

图 7-40   图 7-41   图 7-42

(6) 在按住 Ctrl 键的同时单击"Alpha2"通道的缩览图,如图 7-43 所示。载入婚纱和人物的选区,效果如图 7-44 所示。

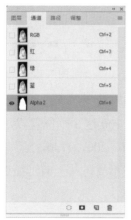

图 7-43   图 7-44

(7) 单击"RGB"通道,显示彩色图像。单击"图层"控制面板下方的"添加图层蒙版"按钮,添加图层蒙版,如图 7-45 所示。抠出婚纱和人物,效果如图 7-46 所示。

图 7-45   图 7-46

(8) 新建图层并将其拖曳到"图层"控制面板中图层的最下方,如图 7-47 所示。选择"图层→新建→图层背景"命令,将新建的图层设置为"背景"图层,如图 7-48 所示。

图 7-47　　　　　　　　　　图 7-48

(9) 选择渐变工具,单击其属性栏中的"可编辑渐变"下拉列表框,弹出"渐变编辑器"对话框。依次在"位置"文本框中添加 0、50、100 这 3 个位置点,并分别设置这 3 个位置点颜色的 RGB 值为 (166,176,186)、(180,190,200)、(140,150,162),如图 7-49 所示。单击"确定"按钮,在图像窗口中按住鼠标左键不放,从上向下拖曳以填充渐变色,效果如图 7-50 所示。

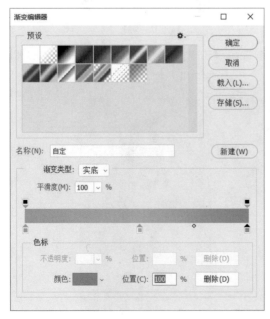 

图 7-49　　　　　　　　　　图 7-50

(10) 选择"图层 0"图层，按 Ctrl + J 组合键复制图层。此时，"图层"控制面板中将生成一个新的图层,将其命名为"图层 0 拷贝"。选择"图像→调整→亮度 / 对比度"命令，在弹出的"亮度 / 对比度"对话框中进行设置，如图 7-51 所示。单击"确定"按钮，效果如图 7-52 所示。

图 7-51　　　　　　　　　　　　　　　图 7-52

(11) 在"图层"控制面板中将"图层 0 拷贝"图层的混合模式设为"柔光"，如图 7-53 所示。图像效果如图 7-54 所示。

(12) 按 Ctrl + O 组合键弹出"打开"对话框，打开本书"相关资源"中的"Ch07 →素材→制作摄影公众号的运营海报→ 02"文件。选择移动工具，将"02"图像拖曳到"01"图像窗口中的适当位置，效果如图 7-55 所示。此时，"图层"控制面板中将生成一个新的图层，将其命名为"文字"。

至此，摄影公众号的运营海报制作完成。

图 7-53　　　　　　　　　　图 7-54　　　　　　　　　　图 7-55

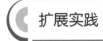 扩展实践　制作旅游出行推广海报

如图 7-56 所示，使用钢笔工具绘制路径，使用"色阶"命令调整图片，使用"通道"控制面板和"计算"命令抠出高铁，使用横排文字工具添加文字。最终效果请参看本书"相关资源"中的"Ch07 → 效果→制作旅游出行推广海报"文件。

图 7-56

制作旅游出行
推广海报

任务7.2　制作招牌牛肉面海报

 任务引入

制作招牌
牛肉面海报

金巧宝是一家餐饮企业，主要经营中餐。本任务要求为该企业的招牌牛肉面制作一款宣传海报，要求设计充分展现出菜品特点。

 设计理念

本任务要求设计的海报如图 7-57 所示。该海报采用纯色背景与牛肉面实物照片搭配，能充分激发人的食欲，并能突出菜品的特色；字体的设计与宣传的主题相呼应，具有视觉

冲击力；整体设计简洁，重点突出，能较好地起到宣传的作用。设计的最终效果请参看本书"相关资源"中的"Ch07 → 效果 → 制作招牌牛肉面海报"文件。

图 7-57

任务知识

在设计中，恰当地使用文字可以点明主题，增强画面的感染力，是非常有效的设计手段之一。

1. 文字工具

在属性栏选择横排文字工具或反复按 Shift + T 组合键切换至横排文字工具，其属性栏具体功能如图 7-58 所示。

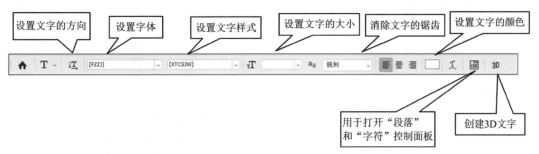

图 7-58

选择直排文字工具，可以在图像中创建直排文字。直排文字工具的属性栏和横排文字工具的属性栏基本相同，这里不再赘述。

2. "字符"控制面板

选择"窗口→字符"命令，弹出"字符"控制面板，如图 7-59 所示。

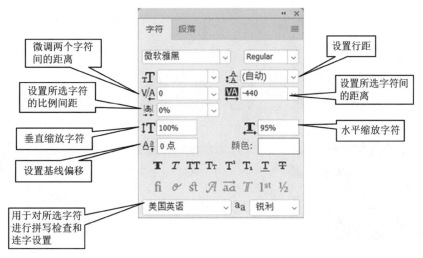

图 7-59

3. 路径文字

选择钢笔工具，将其属性栏中的"选择工具模式"设置为"路径"，在图像中绘制一条路径，如图 7-60 所示。选择横排文字工具，将鼠标指针移至路径上，此时鼠标指针变为形状，如图 7-61 所示。单击路径，出现闪烁的光标，光标的位置为输入文字的起始点。输入的文字会沿着路径排列，效果如图 7-62 所示。

 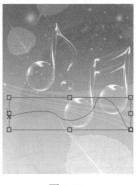 

图 7-60　　　　　　　　图 7-61　　　　　　　　图 7-62

文字输入完成后，"路径"控制面板中会自动生成文字路径，如图 7-63 所示。取消"视图 / 显示额外内容"的选择状态，隐藏文字路径，效果如图 7-64 所示。

图 7-63　　　　　　　　　　　　图 7-64

4. "曝光度"命令

打开一张图片，如图 7-65 所示。选择"图像→调整→曝光度"命令，弹出"曝光度"对话框，其中的设置如图 7-66 所示。单击"确定"按钮，效果如图 7-67 所示。

图 7-65　　　　　　　　图 7-66　　　　　　　　图 7-67

任务实施

本任务通过对招牌牛肉面的海报设计，让读者熟悉文字和形状工具的应用。

(1) 打开 Photoshop CC 2019，按 Ctrl + O 组合键，弹出"打开"对话框，打开本书"相关资源"中的"Ch07 → 素材 → 制作招牌牛肉面海报 → 01、02"文件，如图 7-68 所示。选择移动工具，将"02"图像拖曳到"01"图像窗口中的适当位置，效果如图 7-69 所示。此时，"图层"控制面板中将生成一个新的图层，将其命名为"面"。

图 7-68 图 7-69

(2) 单击"图层"控制面板下方的"添加图层样式"按钮，在弹出的"图层样式"对话框的左侧菜单中选择"投影"命令，然后在弹出的"投影"对话框中进行设置，如图 7-70 所示。单击"确定"按钮，效果如图 7-71 所示。

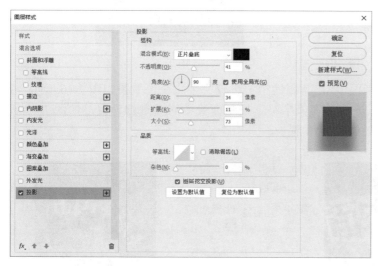

图 7-70 图 7-71

(3) 选择椭圆工具，在其属性栏的"选择工具模式"下拉列表中选择"路径"选项，在图像窗口中绘制椭圆形路径，效果如图 7-72 所示。

(4) 将前景色设置为白色。选择横排文字工具，在其属性栏中选择合适的字体并设置文字大小。将鼠标指针移至椭圆形路径上，单击会出现一个带有文字的区域，其中光标的位置为输入文字的起始点。输入需要的白色文字，效果如图 7-73 所示。此时，"图层"控制面板中将生成新的文字图层。

　　　　图 7-72　　　　　　　　　　图 7-73

　　(5) 选择输入的文字，按 Ctrl + T 组合键，弹出"字符"控制面板，各项设置如图 7-74 所示。按 Enter 键确认操作，效果如图 7-75 所示。

　　　　图 7-74　　　　　　　　　　图 7-75

　　(6) 选择文字"筋半肉面"，在其属性栏中设置文字大小，效果如图 7-76 所示。在文字"肉"的右侧单击插入光标，在"字符"控制面板中对其进行设置，如图 7-77 所示。按 Enter 键确认操作，效果如图 7-78 所示。

　　图 7-76　　　　　　　　图 7-77　　　　　　　　图 7-78

(7) 用相同的方法制作其他路径文字，效果如图 7-79 所示。按 Ctrl + O 组合键，弹出"打开"对话框，打开本书"相关资源"中的"Ch07 → 素材 → 制作招牌牛肉面海报 → 03"文件。选择移动工具，将"03"图像拖曳到"01"图像窗口中的适当位置，效果如图 7-80 所示。此时，"图层"控制面板中将生成一个新的图层，将其命名为"筷子"。

(8) 选择横排文字工具，在适当的位置输入需要的文字并选择文字，在其属性栏中选择合适的字体并设置文字大小，将文字填充为浅棕色 (209，192，165)，效果如图 7-81 所示。此时，"图层"控制面板中将生成新的文字图层。

图 7-79　　　　　　　　　图 7-80　　　　　　　　　图 7-81

(9) 选择横排文字工具，在适当的位置输入需要的文字并选择文字，在其属性栏中选择合适的字体并设置文字大小，将文字填充为白色，效果如图 7-82 所示。此时，"图层"控制面板中将生成新的文字图层。

(10) 选择文字"订餐热线：400-78**89**"，在"字符"控制面板中对其进行设置，如图 7-83 所示。按 Enter 键确认操作，效果如图 7-84 所示。

图 7-82　　　　　　　　　图 7-83　　　　　　　　　图 7-84

(11) 选择文字"400-78**89**"，在其属性栏中选择合适的字体并设置文字大小，效果如图 7-85 所示。选择文字"**"，在"字符"控制面板中对其进行设置，如图 7-86 所示。

按 Enter 键确认操作，效果如图 7-87 所示。

图 7-85　　　　　　图 7-86　　　　　　图 7-87

(12) 用相同的方法调整另一组文字"**"的基线偏移，效果如图 7-88 所示。选择横排文字工具，在适当的位置输入文字"金巧宝"并选择文字，在其属性栏中选择合适的字体并设置文字大小，将文字填充为浅棕色 (209，192，165)，效果如图 7-89 所示。此时，"图层"控制面板中将生成新的文字图层。

图 7-88　　　　　　　　　　图 7-89

(13) 在"字符"控制面板中，各项设置如图 7-90 所示。按 Enter 键确认操作，效果如图 7-91 所示。

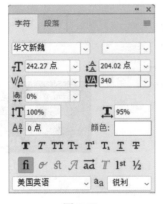

图 7-90　　　　　　　　　　图 7-91

(14) 选择矩形工具，在其属性栏的"选择工具模式"下拉列表中选择"形状"选项，将填充颜色设置为浅粉色 (209，192，165)、描边颜色设置为无颜色。在"01"图像窗口中绘制一个矩形，效果如图 7-92 所示。此时，"图层"控制面板中将生成新的图层，将其命名为"矩形 1"。

(15) 将前景色设置为黑色。选择横排文字工具，在适当的位置输入文字"面工坊"并选择文字，在其属性栏中选择合适的字体并设置文字大小，效果如图 7-93 所示。此时，"图层"控制面板中将生成新的文字图层。

图 7-92   图 7-93

(16) 在"字符"控制面板中，各项设置如图 7-94 所示。按 Enter 键确认操作，效果如图 7-95 所示。

至此，招牌牛肉面海报制作完成，效果如图 7-96 所示。

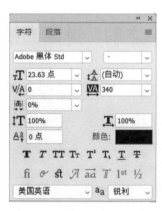  

图 7-94   图 7-95   图 7-96

扩展实践 ┃ 制作餐馆新品宣传海报

如图 7-97 所示，使用矩形工具绘制背景，使用图层样式、"色阶"命令和"曝光度"命令制作产品图片；使用横排文字工具和圆角矩形工具制作宣传内容；使用自定形状工具绘制箭头；使用钢笔工具和横排文字工具制作路径文字。最终效果请参看本书"相关资源"中的"Ch07→效果→制作餐馆新品宣传海报"文件。

制作餐馆新品
宣传海报 1

制作餐馆新品
宣传海报 2

图 7-97

任务7.3　项目演练——制作"春之韵"巡演海报

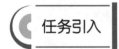任务引入

呼兰极地之光文化传播有限公司是一家组织文化艺术交流活动、承办巡演海报展览等的公司。由爱罗斯皇家芭蕾舞团演绎的"春之韵"舞台剧将在呼兰热河剧场演出。本任务要求为该舞台剧制作一款巡演海报，要求设计展现出此次巡演的主题和特色。

制作"春之韵"
巡演海报

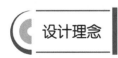设计理念

本任务要求设计的海报如图 7-98 所示。该海报使用色彩斑斓的背景营造出富有活力且极具韵味的氛围；画面中以舞者为主体，具有视觉冲击力；醒目的文字令画面更具层次

感，清晰地传达出宣传信息。设计的最终效果请参看本书"相关资源"中的"Ch07→效果→制作'春之韵'巡演海报"文件。

图 7-98

项目 8
制作网站页面——网页设计

网页是构成网站的基本元素，网页设计是对网站页面的全方位设计。通过严谨的策划分析、合理的内容规划、成熟的创意设计，可以设计出精美的网页作品。通过本项目的学习，读者可以掌握网页的设计方法和技巧。

学习引导

知识目标
- 了解网页设计的概念
- 掌握网页设计的流程和原则

能力目标
- 熟悉网页的设计思路和过程
- 掌握网页的设计方法和技巧

素养目标
- 培养网页的设计能力
- 培养对网页的审美与鉴赏能力
- 把热爱祖国、热爱人民、热爱传统文化的思想融入设计中

实训任务
- 制作充气浮床网页
- 制作美味小吃网页

相关知识

网页设计是一项根据网站所有者希望向用户传递的信息进行网站功能策划，以及页面设计美化的工作。网页设计包含信息架构设计、网页图形设计、用户页面设计、用户体验设计、Banner 设计等。图 8-1 所示为部分网页效果图。

图 8-1

1. 网页的设计流程

设计网页时可以按照网站策划、交互设计、交互自查、页面设计、页面测试、设计验证的步骤进行，如图 8-2 所示。

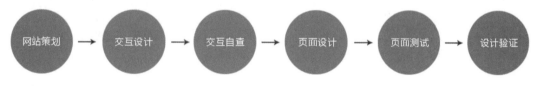

图 8-2

2. 网页的设计原则

网页设计有直截了当、简化交互、足不出户、提供邀请、巧用过渡、即时反应六大原则。图 8-3 所示为部分网页效果图。

图 8-3

任务8.1　制作充气浮床网页

制作充气浮床网页

任务引入

某泳具品牌准备推出一款浮床，本任务要求为该浮床制作一个介绍网页，要求设计符合产品的宣传主题，能体现出品牌的特点。

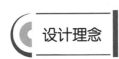
设计理念

本任务要求设计的网页如图 8-4 所示。该网页通过照片层叠形式的产品展示，使画面更生动；页面颜色搭配清新自然，易让顾客产生好感；左侧的栏目分类清晰直观，方便顾客操作。设计的最终效果请参看本书"相关资源"中的"Ch08→效果→制作充气浮床网页"文件。

图 8-4

任务知识

在使用 Photoshop 处理图像的过程中，当对图像的某一特定区域运用颜色变化、滤镜和其他效果时，应用蒙版的区域就会受到保护和隔离而不被编辑。剪贴蒙版的作用是通过使用处于下方图层的形状来限制上方图层的显示状态，达到一种剪贴画的效果。可以用一个图层来控制多个可见图层，但这些图层必须是相邻且连续的。

1. 图层的不透明度

打开一张图片，图片及其"图层"控制面板如图 8-5 所示。通过"图层"控制面板中的"不透明度"和"填充"参数可以调节图层的不透明度。"不透明度"参数用于调节图层中的图像、图层样式和图层混合模式的不透明度，调节效果如图 8-6 所示；"填充"参数用于调节图层中的图像和图层混合模式的不透明度，调节效果如图 8-7 所示。

图 8-5

图 8-6

图 8-7

2. 剪贴蒙版

剪贴蒙版使用某个图层来遮盖其上方的图层，遮盖效果由基底图层决定。打开一张图片，如图 8-8 所示，"图层"控制面板如图 8-9 所示。在按住 Alt 键的同时将鼠标指针移到"杯子"图层和"图层 2"图层之间，鼠标指针将变形，如图 8-10 所示。

图 8-8	图 8-9	图 8-10

单击鼠标左键以制作图层的剪贴蒙版，如图 8-11 所示。图像效果如图 8-12 所示。选择移动工具，移动"杯子"图层中的图像，效果如图 8-13 所示。

图 8-11　　　　　　　　　　　图 8-12　　　　　　　　　　　图 8-13

如果要取消剪贴蒙版，则选择剪贴蒙版组中上方的图层，选择"图层→释放剪贴蒙版"命令（或按 Alt＋Ctrl＋G 组合键），即可取消剪贴蒙版。

任务实施

本任务通过对充气浮床的网页设计，让读者熟悉不透明度、形状工具、剪贴蒙版及图层分组等命令的应用。

1. 制作背景效果

(1) 打开 Photoshop CC 2019，按 Ctrl＋N 组合键弹出"新建文档"对话框，设置"宽度"为 1000 像素、"高度"为 615 像素、"分辨率"为 72 像素／英寸、"颜色模式"为 RGB、"背景内容"为白色。单击"创建"按钮，新建文件。

(2) 按 Ctrl＋O 组合键，弹出"打开"对话框，打开本书"相关资源"中的"Ch08 → 素材→制作充气浮床网页→ 01"文件。选择移动工具，将"01"图像拖曳到新建的图像窗口中，如图 8-14 所示。此时，"图层"控制面板中将生成一个新的图层，将其命名为"椰子树"。

(3) 在"图层"控制面板中将"椰子树"图层的"不透明度"设置为 10%，如图 8-15 所示。按 Enter 键确认操作，效果如图 8-16 所示。按 Ctrl＋J 组合键复制该图层，如图 8-17 所示。

图 8-14　　　　　　　　　　　　　图 8-15

图 8-16   图 8-17

(4) 按 Ctrl + T 组合键，图像周围将出现变换框。按住鼠标左键不放并拖曳控制手柄，等比例缩小图像，并将其拖曳到适当的位置。按 Enter 键确认操作，效果如图 8-18 所示。

(5) 按 Ctrl + O 组合键，弹出"打开"对话框，打开本书"相关资源"中的"Ch08 → 素材→制作充气浮床网页→ 02"文件。选择移动工具，将"02"图像拖曳到新建的图像窗口中，如图 8-19 所示。此时，"图层"控制面板中将生成个新的图层，将其命名为"纹理"。

图 8-18   图 8-19

(6) 在"图层"控制面板中将"纹理"图层的"不透明度"设置为 20%，如图 8-20 所示。按 Enter 键确认操作，效果如图 8-21 所示。

图 8-20   图 8-21

2. 添加装饰并美化照片

(1) 按 Ctrl + O 组合键，弹出"打开"对话框，打开本书"相关资源"中的"Ch08 →素材→制作充气浮床网页→ 03、04、05"文件。选择移动工具，将图像分别拖曳到新建的图像窗口中的适当位置，如图 8-22 所示。此时，"图层"控制面板中将生成新的图层，分别将它们命名为"炫彩""装饰""彩条"。

(2) 选择椭圆工具，将其属性栏中的"选择工具模式"设置为形状，将填充颜色设置为粉色 (235，76，146)，在图像窗口中绘制一个椭圆形，如图 8-23 所示。此时，"图层"控制面板中将生成一个新的图层，将其命名为"形状 1"。

图 8-22

图 8-23

(3) 选择直接选择工具，选择需要的锚点并将其拖曳到适当的位置，将会弹出提示对话框，如图 8-24 所示。单击"是"按钮，图像效果如图 8-25 所示。

图 8-24

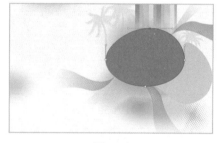
图 8-25

(4) 用相同的方法调整其他锚点，效果如图 8-26 所示。选择移动工具，按 Ctrl + J 组合键复制"形状 1"图层并将其拖曳到适当的位置。双击复制图层的缩览图会弹出"拾色器 (纯色)"对话框，在其中将图层颜色设置为灰色 (142，142，142)。单击"确定"按钮，效果如图 8-27 所示。

图 8-26

图 8-27

(5) 按 Ctrl + O 组合键，弹出"打开"对话框，打开本书"相关资源"中的"Ch08 →素材→制作充气浮床网页→ 06"文件。选择移动工具，将"06"图像拖曳到新建的图像窗口中的适当位置，如图 8-28 所示。此时，"图层"控制面板中将生成一个新的图层，将其命名为"照片"。按 Alt + Ctrl + G 组合键创建剪贴蒙版，效果如图 8-29 所示。

图 8-28　　　　　　　　　　　　　图 8-29

(6) 新建图层并将其命名为"阴影"。将前景色设置为黑色。选择椭圆选框工具，在其属性栏中将"羽化"设置为 5 像素，在图像窗口中的适当位置绘制椭圆形选区，如图 8-30 所示。按 Alt + Delete 组合键，用前景色填充选区。按 Ctrl + D 组合键，取消选区，效果如图 8-31 所示。

图 8-30　　　　　　　　　　　　　图 8-31

(7) 在"图层"控制面板中将"阴影"图层的"不透明度"设置为 50%，如图 8-32 所示。按 Enter 键确认操作，效果如图 8-33 所示。

图 8-32　　　　　　　　　　　　　图 8-33

(8) 在"图层"控制面板中,将"阴影"图层拖曳到"形状 1"图层的下方,如图 8-34 所示。图像效果如图 8-35 所示。

图 8-34　　　　　　　　　　　　　　　　图 8-35

(9) 在按住 Shift 键的同时单击"照片"图层,同时选择"阴影"与"照片"图层之间的所有图层。按 Ctrl + G 组合键将图层成组,并将组名设置为"照片 1",如图 8-36 所示。用相同的方法美化其他照片,效果如图 8-37 所示。

图 8-36　　　　　　　　　　　　　　　　图 8-37

(10) 在按住 Ctrl 键的同时选择"照片 2""照片 3""照片 4"图层组,将它们拖曳到"照片 1"图层组的下方,如图 8-38 所示。按 Ctrl + O 组合键,弹出"打开"对话框,打开本书"相关资源"中的"Ch08 →素材→制作充气浮床网页→ 10"文件。选择移动工具,将"10"图像拖曳到新建的图像窗口中的适当位置,如图 8-39 所示。此时,"图层"控制面板中将生成一个新的图层,将其命名为"产品"。

图 8-38　　　　　　　　　　　　　　　　　图 8-39

3. 制作标题和导航区域

(1) 选择横排文字工具，在适当的位置输入需要的文字并选择文字，在其属性栏中选择合适的字体并设置文字大小，效果如图 8-40 所示。此时，"图层"控制面板中将生成新的文字图层，将其命名为"清"。选择文字，为其填充适当的颜色，效果如图 8-41 所示。

图 8-40　　　　　　　　　　　　　　　　　图 8-41

(2) 选择"清"图层，单击"图层"控制面板下方的"添加图层样式"按钮，在弹出的菜单中选择"描边"命令，将描边颜色设为土黄色 (229，201，58)，其他设置如图 8-42 所示。单击"确定"按钮，效果如图 8-43 所示。

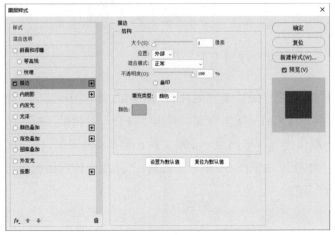

图 8-42　　　　　　　　　　　　　　　　　图 8-43

(3) 用相同的方法为其他文字添加描边，效果如图 8-44 所示。选择横排文字工具，在适当的位置输入需要的文字并选择文字，在其属性栏中选择合适的字体并设置文字大小，然后为文字填充适当的颜色，效果如图 8-45 所示。此时，"图层"控制面板中将生成新的文字图层。在按住 Shift 键的同时选择所有的文字图层，按 Ctrl + G 组合键将图层成组，并将组名设置为"Logo"。

图 8-44　　　　　　　　　　　　　　　图 8-45

(4) 选择圆角矩形工具，在其属性栏中将填充颜色设置为蓝色 (93，186，230)、半径设置为 20 像素。在图像窗口中绘制一个圆角矩形，如图 8-46 所示。此时，"图层"控制面板中将生成一个新的图层，将其命名为"形状 2"。

(5) 选择移动工具，在按住 Alt 键的同时拖曳圆角矩形到适当的位置，复制圆角矩形，效果如图 8-47 所示。按 Ctrl + T 组合键，图像周围将出现变换框，按住鼠标左键不放并拖曳控制手柄，缩小图形，按 Enter 键确认操作。将圆角矩形填充为粉色 (233，79，151)，效果如图 8-48 所示。用相同的方法复制并制作出其他圆角矩形，效果如图 8-49 所示。

图 8-46　　　　　　　　　　　　　　　图 8-47

图 8-48　　　　　　　　　　　　　　　图 8-49

(6) 选择横排文字工具，在适当的位置输入需要的文字并选择文字。按 Ctrl + T 组合键，弹出"字符"控制面板，单击"仿粗体"按钮，其他设置如图 8-50 所示。按 Enter 键确认操作，效果如图 8-51 所示。

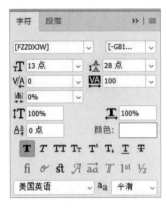

图 8-50   图 8-51

(7) 单击"图层"控制面板下方的"添加图层样式"按钮，在弹出的菜单中选择"投影"命令，在弹出的对话框中进行设置，如图 8-52 所示。单击"确定"按钮，效果如图 8-53 所示。

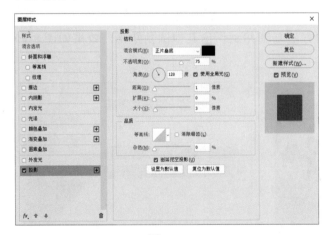

图 8-52   图 8-53

4. 添加其他信息

(1) 选择横排文字工具，在适当的位置输入需要的文字并选择文字，在其属性栏中选择合适的字体并设置文字大小，单击"右对齐文本"按钮，效果如图 8-54 所示。此时，"图层"控制面板中将生成一个新的文字图层。

(2) 选择文字"400-55**"中的"**"，在"字符"控制面板中对其进行设置，如图 8-55 所示。按 Enter 键确认操作，效果如图 8-56 所示。用相同的方法调整其他的文字"**"，效果如图 8-57 所示。

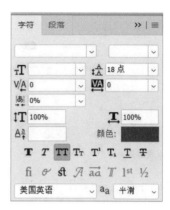

图 8-54　　　　　　　　　　　　　　　　　图 8-55

图 8-56　　　　　　　　　　　　　　　　　图 8-57

(3) 选择横排文字工具，在适当的位置输入需要的文字并选择文字，在其属性栏中选择合适的字体并设置文字大小，效果如图 8-58 所示。此时，"图层"控制面板中将生成新的文字图层。选择文字"1、独立气塞……4、使用方便，充气简单。"，按 Alt ＋ ↓ 组合键，调整行距，效果如图 8-59 所示。

图 8-58　　　　　　　　　　　　　　　　　图 8-59

(4) 选择"产品特色"，单击"图层"控制面板下方的"添加图层样式"按钮，在弹出的菜单中选择"投影"命令，在弹出的对话框中进行设置，如图 8-60 所示。单击"确定"按钮，效果如图 8-61 所示。用相同的方法调整其他文字，效果如图 8-62 所示。

至此，充气浮床网页制作完成，效果如图 8-63 所示。

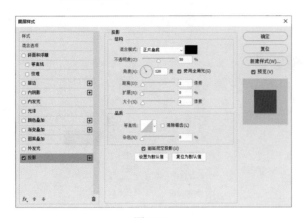

图 8-60　　　　　　　　　　　　　　　　　　图 8-61

图 8-62　　　　　　　　　　　　　　　　　图 8-63

扩展实践　制作妞妞的个人主页

　　如图 8-64 所示，使用图层的混合模式和"不透明度"参数实现背景的融合，使用横排文字工具添加 Logo、导航等相关信息，使用圆角矩形工具、移动工具和剪贴蒙版制作相关图形。最终效果请参看本书"相关资源"中的"Ch08 → 效果→制作妞妞的个人主页"文件。

图 8-64

制作妞妞的
个人网页

任务8.2 制作美味小吃网页

制作美味小吃网页

任务引入

爱比萨是一家小型快餐店，主打菜品为种类丰富的比萨、汉堡、甜品、饮品等。本任务要求为该快餐店制作美味小吃网页，要求设计主题明确，能够突出快餐店的特色。

设计理念

本任务要求设计的网页如图 8-65 所示。该网页以模糊的快餐店图片为背景，充满生活气息，易使人产生亲近感；菜品分类让人一目了然，方便操作；文字简单醒目，重点突出。设计的最终效果请参看本书"相关资源"中的"Ch08→效果→制作美味小吃网页"文件。

图 8-65

任务知识

在 Photoshop 中，利用滤镜可以制作出许多意想不到的图像效果。常用的滤镜组包括"模糊"滤镜、"模糊画廊"滤镜等。

1. "模糊"滤镜

"模糊"滤镜可以使图像中比较清晰或对比度高的区域产生模糊效果；此外也可用于

制作柔和阴影。"模糊"滤镜命令的子菜单如图 8-66 所示。使用不同滤镜制作出的不同效果如图 8-67 所示。

表面模糊...
动感模糊...
方框模糊...
高斯模糊...
进一步模糊
径向模糊...
镜头模糊...
模糊
平均
特殊模糊...
形状模糊...

图 8-66

原图　　　　　　表面模糊 …　　　　　　动感模糊 …

方框模糊 …　　　　高斯模糊 …　　　　进一步模糊

图 8-67

2. "模糊画廊"滤镜

"模糊画廊"滤镜使用图钉或路径来控制图像,从而让图像产生模糊效果。"模糊画廊"滤镜命令的子菜单如图 8-68 所示。使用不同滤镜制作出的不同效果如图 8-69 所示。

场景模糊...

光圈模糊...

移轴模糊...

路径模糊...

旋转模糊...

图 8-68

场景模糊 …　　　　　　　光圈模糊 …

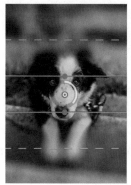

移轴模糊 …　　　　路径模糊 …　　　　旋转模糊 …

图 8-69

3. 图层样式

单击"图层"控制面板下方的"添加图层样式"按钮，在弹出的菜单中可选择不同的图层样式，如图 8-70 所示。应用不同图层样式制作出的不同效果如图 8-71 所示。

混合选项...

斜面和浮雕...
描边...
内阴影...
内发光...
光泽...
颜色叠加...
渐变叠加...
图案叠加...
外发光...
投影...

图 8-70

斜面和浮雕 …　　　　　　描边 …　　　　　　内阴影 …

内发光 …　　　　　　光泽 …　　　　　　颜色叠加 …

图 8-71

在要复制图层样式的图层上单击鼠标右键，在弹出的快捷菜单中选择"拷贝图层样式"命令；然后选择要粘贴图层样式的图层，单击鼠标右键，在弹出的快捷菜单中选择"粘贴图层样式"命令，即可完成图层样式的复制操作。选择要清除图层样式的图层，单击鼠标右键，在弹出的快捷菜单中选择"清除图层样式"命令，即可将其中的图层样式清除。

任务实施

本任务通过制作美味小吃的网页，让读者熟悉滤镜、曲线、路径工具及剪贴蒙版等命令的应用。

(1) 打开 Photoshop CC 2019，按 Ctrl + N 组合键，弹出"新建文档"对话框，在其中设置"宽度"为 1000 像素、"高度"为 615 像素、"分辨率"为 72 像素 / 英寸、"颜色模式"为 RGB、"背景内容"为白色。单击"创建"按钮，新建文件。

(2) 按 Ctrl + O 组合键，弹出"打开"对话框，打开本书"相关资源"中的"Ch08 → 素材 → 制作美味小吃网页 → 01"文件。选择移动工具，将"01"图像拖曳到新建的图像窗口中，如图 8-72 所示。此时，"图层"控制面板中将生成一个新的图层，将其命名为"底图"。

图 8-72

(3) 选择"滤镜→模糊→高斯模糊"命令,在弹出的对话框中进行设置,如图 8-73 所示。单击"确定"按钮,效果如图 8-74 所示。

图 8-73 图 8-74

(4) 单击"图层"控制面板下方的"创建新的填充或调整图层"按钮,在弹出的菜单中选择"色阶"命令,此时在"图层"控制面板中将生成"色阶 1"图层,同时弹出"属性"控制面板,相关设置如图 8-75 所示。按 Enter 键确认操作,图像效果如图 8-76 所示。

图 8-75 图 8-76

(5) 单击"图层"控制面板下方的"创建新的填充或调整图层"按钮,在弹出的菜单中选择"曲线"命令,此时在"图层"控制面板中将生成"曲线 1"图层,同时弹出"属性"控制面板,相关设置如图 8-77 所示。按 Enter 键确认操作,图像效果如图 8-78 所示。

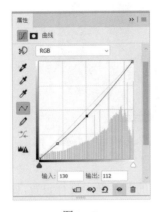

图 8-77　　　　　　　　　　　　图 8-78

(6) 选择横排文字工具,在适当的位置输入需要的文字并选择文字,在其属性栏中选择合适的字体并设置文字大小,将文字填充为白色,效果如图 8-79 所示。此时,"图层"控制面板中将生成新的文字图层。

(7) 单击"图层"控制面板下方的"添加图层样式"按钮,在弹出的菜单中选择"投影"命令,在弹出的对话框中进行设置,如图 8-80 所示。单击"确定"按钮,效果如图 8-81 所示。选择椭圆工具,将其属性栏中的"选择工具模式"设置为形状,将填充颜色设置为黑色。在按住 Shift 键的同时在图像窗口中绘制一个圆形,效果如图 8-82 所示。

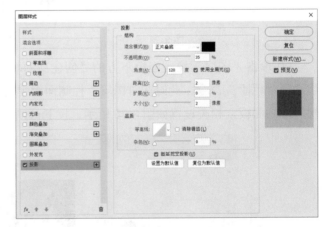

图 8-79　　　　　　　　　　　　　　　　　　图 8-80

图 8-81　　　　　　　　　　　　图 8-82

(8) 选择路径选择工具，在按住 Alt 键的同时拖曳并复制圆形到适当的位置，效果如图 8-83 所示。用相同的方法复制多个圆形，效果如图 8-84 所示。

图 8-83　　　　　　　　　　　　　图 8-84

(9) 单击"图层"控制面板下方的"添加图层样式"按钮，在弹出的菜单中选择"描边"命令，在其中将描边颜色设为白色，其他设置如图 8-85 所示。再选择"投影"命令，其中的设置如图 8-86 所示。单击"确定"按钮，效果如图 8-87 所示。

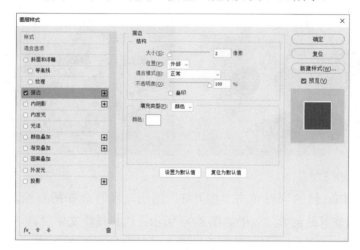

图 8-85

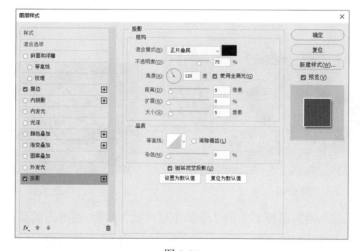

图 8-86

图 8-87

(10) 按 Ctrl + O 组合键，弹出"打开"对话框，打开本书"相关资源"中的"Ch08 → 素材 → 制作美味小吃网页 → 02"文件。选择移动工具，将"02"图像拖曳到新建的图像窗口中，调整其位置和大小，如图 8-88 所示。此时，"图层"控制面板中将生成一个新的图层，将其命名为"照片 1"。用相同的方法添加其他图片，并调整它们的位置和大小，效果如图 8-89 所示。

图 8-88

图 8-89

(11) 在按住 Shift 键的同时单击"照片 1"图层，同时选择所有照片图层。按 Alt + Ctrl + G 组合键创建剪贴蒙版，效果如图 8-90 所示。选择横排文字工具，在适当的位置输入需要的文字并选择文字，在其属性栏中选择合适的字体并设置文字大小，将文字填充为白色，效果如图 8-91 所示。此时，"图层"控制面板中将生成新的文字图层。

图 8-90

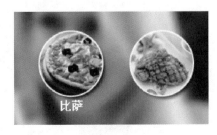

图 8-91

(12) 单击"图层"控制面板下方的"添加图层样式"按钮，在弹出的菜单中选择"投影"命令，在弹出的对话框中进行设置，如图 8-92 所示。单击"确定"按钮，效果如图 8-93 所示。

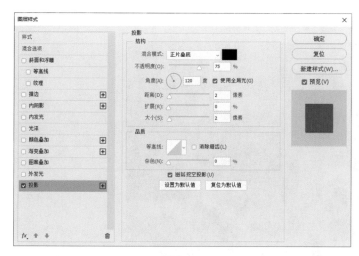

图 8-92　　　　　　　　　　　　　　　　　图 8-93

(13) 用相同的方法制作其他文字,效果如图 8-94 所示。在按住 Shift 键的同时单击"形状 1"图层,将"汤"图层与"形状 1"图层之间的所有图层同时选取。按 Ctrl + G 组合键将图层建组,并将组名设置为"主体"。

(14) 按 Ctrl + O 组合键,弹出"打开"对话框,打开本书"相关资源"中的"Ch08 → 素材→制作美味小吃网页→ 10"文件。选择移动工具,将"10"图像拖曳到新建的图像窗口中,调整其位置和大小,如图 8-95 所示。此时,"图层"控制面板中将生成一个新的图层,将其命名为"按钮"。

至此,美味小吃网页制作完成。

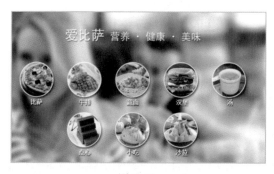

图 8-94　　　　　　　　　　　　　　　　　图 8-95

扩展实践　制作娟娟个人网站的首页

如图 8-96 所示,使用"高斯模糊"滤镜制作背景图片,使用矩形工具和椭圆工具绘制图形,使用横排文字工具添加相关信息,使用矩形工具、移动工具和剪贴蒙版美化照片。最终效果请参看本书"相关资源"中的"Ch08 →效果→制作娟娟个人网站的首页"文件。

图8-96

制作娟娟个人
网站的首页

任务8.3　项目演练——制作家具网站首页

任务引入

　　艾利佳家居是一家现代家具公司，该公司秉承传递"零压力"的生活概念，重点打造简约、时尚、现代的家居风格。为了拓展业务、扩大规模，该公司需要开发线上购物平台。本任务要求为该公司设计网站首页，要求设计符合产品的宣传主题，并能体现出公司的理念。

制作家具网站首页 1

制作家具网站首页 2

制作家具网站首页 3

设计理念

　　本任务要求设计的网站首页如图 8-97 所示。该网站首页布局规整大气，给人以简洁直观的印象；主次分明的产品展示让人一目了然；棕色和白色的运用，展现出了产品的质感，同时给人以稳重的感觉。设计的最终效果请参看本书"相关资源"中的"Ch08 → 效果→制作家具网站首页"文件。

图8-97

项目 9
制作商品包装——包装设计

包装代表了一个商品的品牌形象。一个好的包装可以让商品从同类商品中脱颖而出，吸引消费者的注意并激发其购买欲望。好的包装也可以极大地提高商品的价值。通过本项目的学习，读者可以掌握包装的设计方法和技巧。

●●●➡ 学习引导

知识目标

• 了解包装的概念
• 掌握包装的分类和设计原则

能力目标

• 熟悉包装的设计思路和过程
• 掌握包装的设计方法和技巧

素养目标

• 培养包装的设计能力
• 培养对包装的审美与鉴赏能力
• 培养网络安全意识，安全、正确、合理地使用网络资源

实训任务

• 制作摄影图书封面
• 制作休闲杂志封面
• 制作啤酒包装

相关知识

包装的主要功能是保护商品，其次是美化商品和传递信息。要想将包装设计好，除了要遵循设计的基本原则外，还要研究消费者的心理活动，这样包装设计才能使商品从同类

商品中脱颖而出。部分包装设计如图 9-1 所示。

图 9-1

1. 包装的分类

包装按商品种类可分为建材商品包装、农牧水产品商品包装、食品和饮料商品包装、轻工日用品商品包装、纺织品和服装商品包装、医药商品包装、电子商品包装等。部分商品包装设计如图 9-2 所示。

图 9-2

2. 包装设计的原则

包装设计应遵循一定的原则，包括实用经济的原则、商品信息精准传达的原则、人性化与便利的原则、表现文化和艺术性的原则、绿色环保的原则。部分商品包装设计如图 9-3 所示。

图 9-3

任务9.1　制作摄影图书封面

文安影像出版社是一家以出版摄影类图书为主的出版社。本任务要求为该出版社的一本摄影图书制作封面。

制作摄影图书封面 1　　　　制作摄影图书封面 2　　　　制作摄影图书封面 3

本任务要求设计的封面如图 9-4 所示。该封面展示了不同类型的优秀摄影作品，吸引读者的注意；文字布局合理，主次分明；封底与封面相互呼应，向读者传达了图书的主要信息；整体设计大气、直观，令人印象深刻。设计的最终效果请参看本书"相关资源"中的"Ch09 → 效果→制作摄影图书封面"文件。

图 9-4

任务知识

参考线和标尺的设置可以使图像处理更加精确。使用自定形状工具可以绘制 Photoshop 预设的各种形状。

1. 参考线

将鼠标指针移至水平标尺上，按住鼠标左键不放，向下拖曳出水平的参考线，效果如图 9-5 所示。将鼠标指针移至垂直标尺上，按住鼠标左键不放，向右拖曳出垂直的参考线，效果如图 9-6 所示。

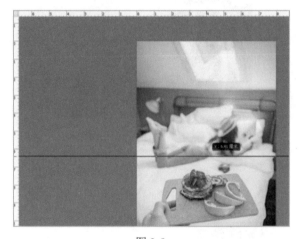

图 9-5

图 9-6

选择"视图→显示→参考线"命令，可以显示或隐藏参考线。此命令只有在存在参考线的前提下才能使用。反复按 Ctrl + ; 组合键，也可以显示或隐藏参考线。

选择移动工具，将鼠标指针移至参考线上，按住鼠标左键不放并拖曳，可以移动参考线。

选择"视图→锁定参考线"命令（或按 Alt + Ctrl + ; 组合键），可以将参考线锁定。参考线锁定后不能移动。选择"视图→清除参考线"命令，可以将参考线清除。选择"视图→新建参考线"命令，将弹出"新建参考线"对话框，如图 9-7 所示，在其中进行相应设置后单击"确定"按钮，图像中将出现新建的参考线。

图 9-7

2. 自定形状工具

在属性栏选择自定形状工具或反复按 Shift + U 组合键可切换至自定形状工具，其属性栏具体功能如图 9-8 所示。自定形状工具的属性栏与矩形工具的属性栏类似，只增加了"形状"属性，用于选择所需的形状。

图 9-8

　　单击"形状："下拉按钮将弹出如图 9-9 所示的形状选项面板，该面板中提供了多种不规则形状。打开一张图片，在图像窗口中绘制如图 9-10 所示的图形。此时"图层"控制面板如图 9-11 所示。

　　选择钢笔工具，在图像窗口中绘制并填充路径，如图 9-12 所示。选择"编辑→定义自定形状"命令，弹出"形状名称"对话框，在"名称"文本框中输入自定义形状的名称，如图 9-13 所示。单击"确定"按钮，形状选项面板中会显示刚才定义的形状，如图 9-14 所示。

图 9-9

图 9-10

图 9-11

图 9-12

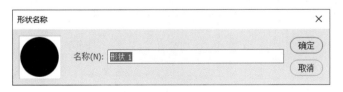

图 9-13

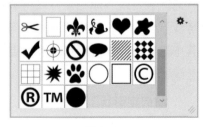

图 9-14

3."变换"命令

　　在操作过程中，可以根据设计和制作的需要变换已经绘制好的选区。

　　打开一张图片，选择椭圆选框工具，在要处理的图像上绘制选区。选择"编辑→自由变换"或"编辑→变换"命令，其子菜单如图 9-15 所示。部分不同命令对应的变换效果如图 9-16 所示。

图 9-15

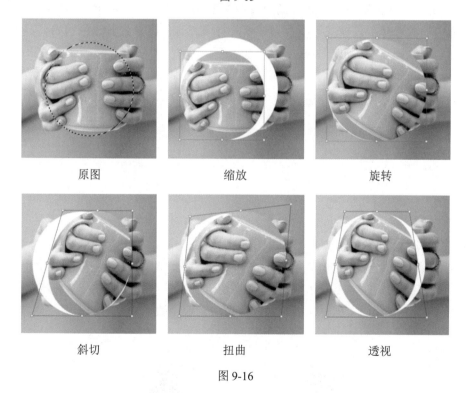

图 9-16

任务实施

本任务通过为摄影图书制作封面，让读者熟悉参考线、自定形状工具和"变换"命令的应用。

1. 制作图书封面

(1) 打开 Photoshop CC 2019，按 Ctrl + N 组合键，弹出"新建文档"对话框，在其中设置"宽度"为 35.5 像素、"高度"为 22.9 像素、"分辨率"为 300 像素 / 英寸、"背景内容"为灰色 (233，233，233)。单击"创建"按钮，新建文件。

(2) 选择"视图→新建参考线"命令，在弹出的"新建参考线"对话框中进行设置，如图 9-17 所示。单击"确定"按钮，效果如图 9-18 所示。

图 9-17　　　　　　　　　　　　　　图 9-18

(3) 用相同的方法在 18.5 厘米处新建一条参考线，如图 9-19 所示。选择矩形工具，将其属性栏中的"选择工具模式"设置为形状，将填充颜色设置为蓝绿色 (171，219，219)，在图像窗口中绘制一个矩形，效果如图 9-20 所示。此时，"图层"控制面板中将生成一个新的图层，将其命名为"矩形 1"。

图 9-19　　　　　　　　　　　　　　图 9-20

(4) 按 Ctrl + O 组合键，弹出"打开"对话框，打开本书"相关资源"中的"Ch09 →素材→制作摄影图书封面→ 01"文件。选择移动工具，将"01"图像拖曳到图像窗口中的适当位置，效果如图 9-21 所示。此时，"图层"控制面板中将生成一个新图层，将其命名为"照片 1"。按 Alt + Ctrl + G 组合键创建剪贴蒙版，效果如图 9-22 所示。

图 9-21　　　　　　　　　　　　　　图 9-22

(5) 在按住 Shift 键的同时单击"矩形 1"图层,同时选择"矩形 1"图层和"照片 1"图层。在按住 Alt + Shift 组合键的同时,将它们拖曳到适当的位置即可复制图层,效果如图 9-23 所示。选择"照片 1 拷贝"图层,按 Delete 键删除该图层,效果如图 9-24 所示。

(6) 按 Ctrl + T 组合键,图像周围将出现变换框,将鼠标指针移至变换框下方中间的控制手柄上,按住鼠标左键不放并向上拖曳到适当的位置。用相同的方法向右拖曳变换框右侧中间的控制手柄。按 Enter 键确认操作,效果如图 9-25 所示。

  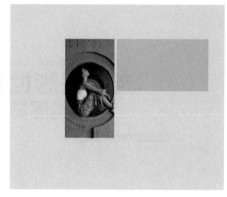

图 9-23　　　　　　　　　　　图 9-24　　　　　　　　　　　图 9-25

(7) 按 Ctrl + O 组合键,弹出"打开"对话框,打开本书"相关资源"中的"Ch09 → 素材→制作摄影图书封面→ 02"文件。选择移动工具,将"02"图像拖曳到图像窗口中的适当位置,效果如图 9-26 所示。此时,"图层"控制面板中将生成一个新图层,将其命名为"照片 2"。按 Alt + Ctrl + G 组合键创建剪贴蒙版,效果如图 9-27 所示。用相同的方法添加其他照片,效果如图 9-28 所示。

图 9-26　　　　　　　　　　　图 9-27　　　　　　　　　　　图 9-28

(8) 选择横排文字工具,在适当的位置输入需要的文字并选择文字,在其属性栏中选择合适的字体并设置文字大小,效果如图 9-29 所示。此时"图层"控制面板中将生成新的文字图层分别是"零基础学……"图层、"走进摄影世界"图层、"构图与用光"图层。选择"零基础学……"图层,选择"窗口→字符"命令,在弹出的"字符"控制面板中对其进行设置,如图 9-30 所示。按 Enter 键确认操作,效果如图 9-31 所示。

(9) 在按住 Ctrl 键的同时，单击"零基础学……""走进摄影世界""构图与用光""矩形 1"等图层，同时选择上述图层。选择移动工具，单击其属性栏中的"右对齐"按钮，靠右对齐文字和图形，效果如图 9-32 所示。

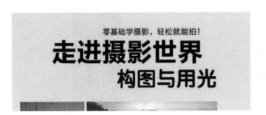

图 9-29

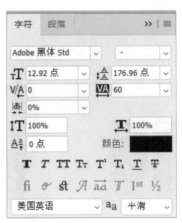

图 9-30

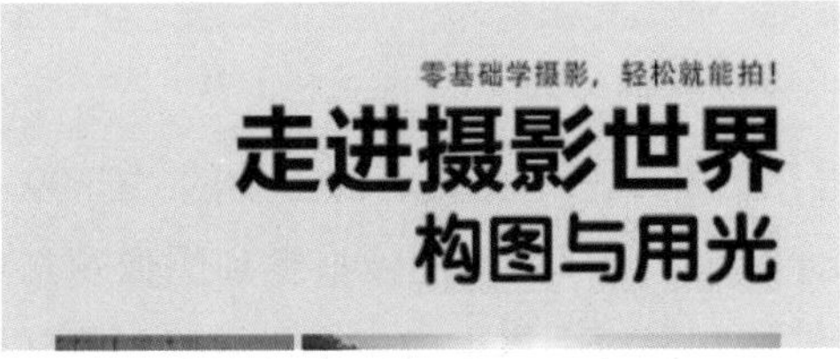

图 9-31

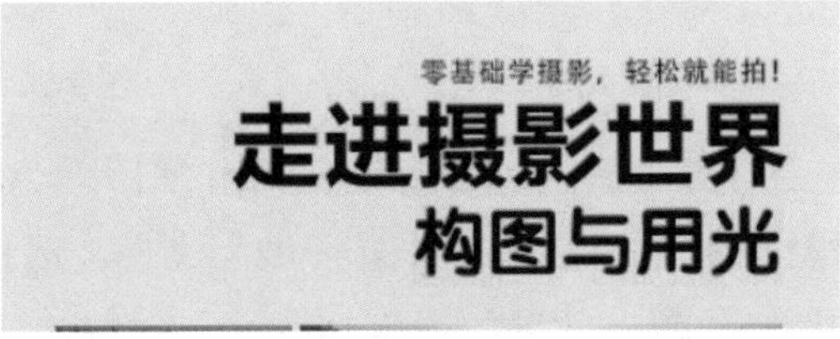

图 9-32

(10) 在按住 Ctrl 键的同时，单击"零基础学……"图层和"构图与用光"图层，同时选择这两个图层。在"字符"控制面板中将颜色设置为橘色 (255, 87, 9)，效果如图 9-33 所示。按 Ctrl + O 组合键，弹出"打开"对话框，打开本书"相关资源"中的"Ch09 → 素材 → 制作摄影图书封面 → 07"文件。选择移动工具，将"07"图像拖曳到图像窗口中的适当位置，效果如图 9-34 所示。此时，"图层"控制面板中将生成一个新图层，将其命名为"相机"。

图 9-33

图 9-34

(11) 选择横排文字工具，拖曳文本框到适当的位置，输入需要的文字并选择文字，在其属性栏中选择合适的字体并设置文字大小，单击其属性栏中的"右对齐文本"按钮，效果如图 9-35 所示。此时，"图层"控制面板中将生成新的文字图层，将其命名为"摄影是一门……”。

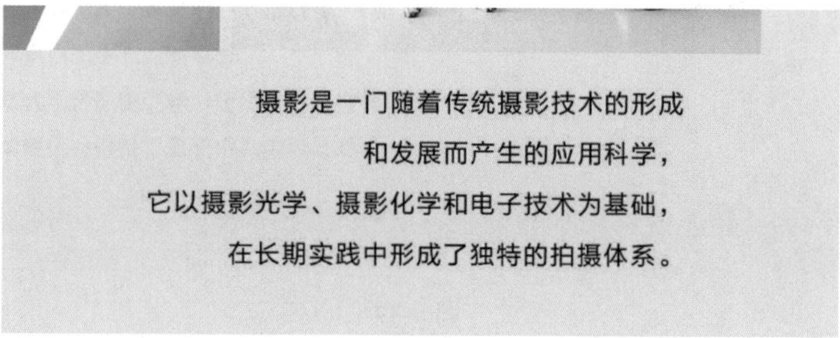

摄影是一门随着传统摄影技术的形成
和发展而产生的应用科学，
它以摄影光学、摄影化学和电子技术为基础，
在长期实践中形成了独特的拍摄体系。

图 9-35

(12) 在按住 Ctrl 键的同时，单击“摄影是一门……”图层和“矩形 1 拷贝 5”图层，同时选择这两个图层。选择移动工具，单击其属性栏中的“右对齐”按钮，靠右对齐文字和图形，效果如图 9-36 所示。

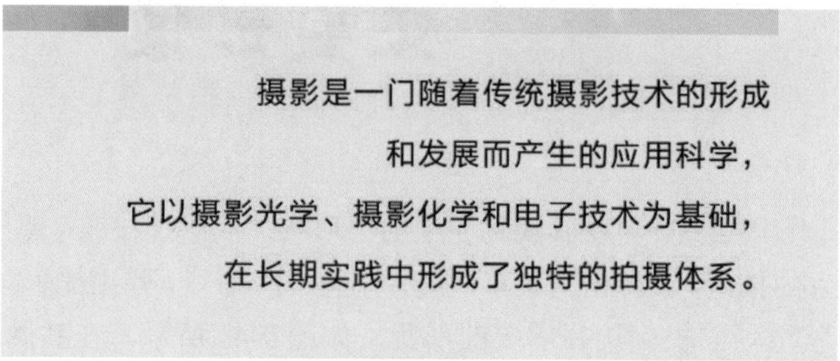

摄影是一门随着传统摄影技术的形成
和发展而产生的应用科学，
它以摄影光学、摄影化学和电子技术为基础，
在长期实践中形成了独特的拍摄体系。

图 9-36

(13) 选择“摄影是一门……”图层，在“字符”控制面板中进行相关设置，如图 9-37 所示。按 Enter 键确认操作，效果如图 9-38 所示。

字符
段落
Adobe 黑体 Std
8 点
16 点
0
80
0%
100%
100%
0 点
颜色:
美国英语

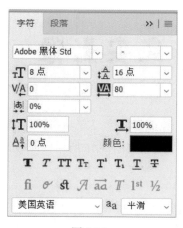

图 9-37

摄影是一门随着传统摄影技术的形成
和发展而产生的应用科学，
它以摄影光学、摄影化学和电子技术为基础，
在长期实践中形成了独特的拍摄体系。

图 9-38

(14) 选择横排文字工具，在适当的位置输入文字“江思雨 编著”并选择文字，在其属性栏中选择合适的字体并设置文字大小，效果如图 9-39 所示。此时“图层”控制面板中将生成新的文字图层。

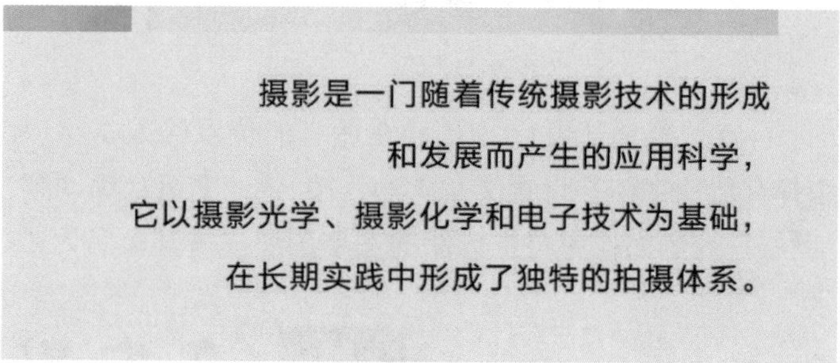

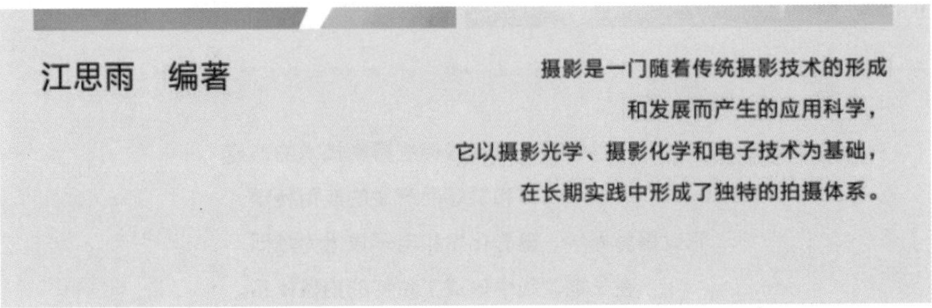

图 9-39

(15) 选择矩形工具，在其属性栏中将填充颜色设置为绿色 (171，219，219)，在图像窗口中绘制一个矩形，效果如图 9-40 所示。此时"图层"控制面板中将生成新的图层"矩形 2"。

图 9-40

(16) 选择自定形状工具，单击其属性栏中的"形状："下拉按钮，弹出形状选项面板。单击该面板右上方的按钮，在弹出的菜单中选择"全部"命令，弹出提示对话框，单击"确定"按钮。在形状选项面板中选择需要的形状，如图 9-41 所示。在其属性栏中将填充颜色设置为黑色，在图像窗口中按住鼠标左键不放并拖曳绘制图形，如图 9-42 所示。

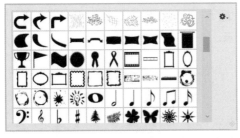

图 9-41

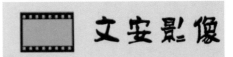

图 9-42

(17) 选择横排文字工具，在适当的位置输入文字"GA"并选择文字，在其属性栏中选择合适的字体并设置文字大小，按 Alt + T 组合键调整字距，效果如图 9-43 所示。此时，"图层"控制面板中将生成新的文字图层，将其命名为"GA"。

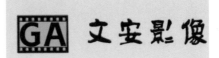

图 9-43

(18) 在按住 Shift 键的同时单击"矩形 1"图层，同时选择"GA"图层和"矩形 1"图层之间的所有图层。按 Ctrl + G 组合键将图层成组，并将组名设置为"封面"。

2. 制作图书封底

(1) 选择矩形工具，在其属性栏中将填充颜色设置为灰色 (170，170，170)，在图像窗口中绘制一个矩形，效果如图 9-44 所示。此时，"图层"控制面板中将生成新的图层"矩形 3"。

图 9-44

(2) 按 Ctrl + O 组合键，弹出"打开"对话框，打开本书"相关资源"中的"Ch09 → 素材→制作摄影图书封面→ 08"文件。选择移动工具，将"08"图像拖曳到图像窗口中的适当位置，效果如图 9-45 所示。此时，"图层"控制面板中将生成一个新图层，将其命名为"照片 7"。按 Alt + Ctrl + G 组合键创建剪贴蒙版，效果如图 9-46 所示。

图 9-45　　　　　　　　　　　　　图 9-46

(3) 在按住 Shift 键的同时单击"矩形 3"图层，同时选择"矩形 3"图层和"照片 7"图层。在按住 Alt + Shift 组合键的同时，将它们拖曳到适当的位置即可复制图层，效果如图 9-47 所示。选择"照片 7 拷贝"图层，按 Delete 键删除该图层，效果如图 9-48 所示。

图 9-47　　　　　　　　　　　　　图 9-48

(4) 按 Ctrl + O 组合键，弹出"打开"对话框，打开本书"相关资源"中的"Ch09 → 素材→制作摄影图书封面→ 09"文件。选择移动工具，将"09"图像拖曳到图像窗口中的适当位置，效果如图 9-49 所示。此时，"图层"控制面板中将生成一个新图层，将其命名为"照片 8"。

图 9-49

(5) 按 Alt + Ctrl + G 组合键创建剪贴蒙版，效果如图 9-50 所示。用相同的方法添加其他照片，效果如图 9-51 所示。选择横排文字工具，在适当的位置输入如图 9-52 所示的文字并选择文字，在其属性栏中选择合适的字体并设置文字大小。此时"图层"控制面板中将生成新的文字图层。

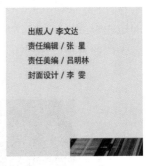

图 9-50　　　　　　　　　　　图 9-51　　　　　　　　　　　图 9-52

(6) 选择文字"出版人"，在"字符"控制面板中进行相关设置，如图 9-53 所示。按 Enter 键确认操作，效果如图 9-54 所示。用相同的方法调整其他文字，效果如图 9-55 所示。

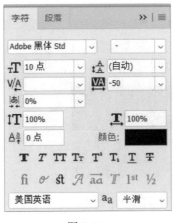

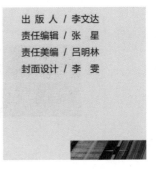

图 9-53　　　　　　　　　　　图 9-54　　　　　　　　　　　图 9-55

(7) 选择矩形工具，在其属性栏中将填充颜色设置为白色，在图像窗口中绘制一个矩形，效果如图 9-56 所示。此时，"图层"控制面板中将生成新的图层，将其命名为"矩形 4"。按 Ctrl + J 组合键复制图层，生成新的图层"矩形 4 拷贝"。

(8) 按 Ctrl + T 组合键，图像周围将出现变换框，将鼠标指针移至矩形下方中间的控制手柄上，按住鼠标左键不放，将其向上拖曳到适当的位置。按 Enter 键确认操作，效果如图 9-57 所示。选择移动工具，在按住 Alt 键的同时，将矩形拖曳到适当的位置即可复制矩形，效果如图 9-58 所示。

| 图 9-56 | 图 9-57 | 图 9-58 |

(9) 选择横排文字工具，在适当的位置输入如图 9-59 所示的文字并选择文字，在其属性栏中选择合适的字体并设置文字大小，设置文字颜色为白色。此时，"图层"控制面板中将生成新的文字图层，将其命名为"IXDN……"和"定价：28.00 元"。

(10) 在按住 Shift 键的同时，单击"IXDN……"图层和"定价：28.00 元"图层，同时选择这两个文字图层。在"字符"控制面板中进行相关设置，如图 9-60 所示。按 Enter 键确认操作，效果如图 9-61 所示。

| 图 9-59 | 图 9-60 | 图 9-61 |

(11) 在按在按住 Shift 键的同时单击"矩形 3"图层，同时选择"定价：28.00 元"图层和"矩形 3"图层之间的所有图层。按 Ctrl + G 组合键将图层成组，并将组名设置为"封底"。

3. 制作图书书脊

(1) 在按住 Ctrl 键的同时，单击"走进摄影世界"图层和"构图与用光"图层，同时选择这两个图层。按 Ctrl + J 组合键复制图层，"图层"控制面板中将生成复制图层，并将其拖曳到所有图层的上方，如图 9-62 所示。选择移动工具，将图像中的文字拖曳到适当的位置，效果如图 9-63 所示。

图 9-62

图 9-63

(2) 选择横排文字工具，在其属性栏中单击"切换文本取向"按钮，让文字竖向排列，效果如图 9-64 所示。选择文字并调整其大小，选择移动工具将文字拖曳到适当的位置，效果如图 9-65 所示。

图 9-64

图 9-65

(3) 在按住 Ctrl 键的同时，单击"相机""矩形 2""形状 1"图层，同时选择这三个图层。按 Ctrl + J 组合键复制图层，"图层"控制面板中将生成复制图层，并将它们拖曳到所有图层的上方。选择移动工具将图形和图像拖曳到适当的位置，并调整它们的大小，效果如图 9-66 所示。

(4) 用上述方法复制文字，并调整文字的排列方向和大小，效果如图 9-67 所示。在按住 Shift 键的同时，单击"文安影像出版社"图层，同时选择"走进摄影世界"和"文安影像出版社"图层之间的所有图层。按 Ctrl + G 组合键将图层成组，并将组名设置为"书脊"。

至此，摄影图书封面制作完成，效果如图 9-68 所示。

图 9-66　　图 9-67　　　　　　　　　　　图 9-68

扩展实践　制作花卉图书封面

如图 9-69 所示，使用"新建参考线"命令添加参考线，使用"置入嵌入对象"命令置入图片，使用剪贴蒙版和矩形工具制作图像，使用横排文字工具添加文字信息，使用钢笔工具和直线工具添加装饰图形，使用图层混合模式更改图像的显示效果。最终效果请参看本书"相关资源"中的"Ch09 → 效果→制作花卉图书封面"文件。

图 9-69

制作花卉图书封面 1

制作花卉图书封面 2

制作花卉图书封面 3

任务9.2　制作休闲杂志封面

制作休闲杂志封面

任务引入

《时尚风格》是一份休闲资讯类杂志。该杂志的主要内容包括热门影视、时尚穿搭、休闲娱乐等方面的资讯，深受女性读者的喜爱。本任务要求为《时尚风格》设计制作新一期杂志的封面，要求设计具有时尚感和现代感。

设计理念

本任务要求设计的封面如图 9-70 所示。该封面将具有时尚气息的女性照片作为画面主体，突出杂志主题；标题的设计具有艺术感，能表现出杂志特色；画面整体色调优雅、柔美，给人以温暖、舒适的感觉。设计的最终效果请参看本书"相关资源"中的"Ch09 → 效果 → 制作休闲杂志封面"文件。

图 9-70

任务知识

"液化"滤镜命令可以制作出各种类似液化的图像变形效果。修图工具 (修补工具、污点修复画笔工具、仿制图章工具、加深工具) 用于对图像的细微部分进行修整，是在处理图像时必不可少的工具。"可选颜色"命令可以只改变选定的颜色，而不会改变其他未选定的颜色。

1. "液化"滤镜

"液化"滤镜可以制作出各种类似液化效果的图像变形效果。打开一张图片，选择"滤镜→液化"命令 (或按 Shift + Ctrl + X 组合键)，将弹出"液化"对话框，如图 9-71 所示。

该对话框左侧的工具由上到下分别为向前变形工具、重建工具、平滑工具、顺时针旋转扭曲工具、褶皱工具、膨胀工具、左推工具、冻结蒙版工具、解冻蒙版工具、脸部工具、抓手工具和缩放工具。

图 9-71

在"液化"对话框中对图像进行变形操作，如图 9-72 所示。单击"确定"按钮，完成图像的液化变形操作，效果如图 9-73 所示。

图 9-72

图 9-73

2. 修补工具

在属性栏选择修补工具或反复按 Shift＋J 组合键切换至修补工具，其属性栏具体功能如图 9-74 所示。

图 9-74

选择修补工具，框选图像中的茶杯，如图 9-75 所示。选择修补工具属性栏中的"源"选项，在选区中单击并按住鼠标左键不放，将选区中的图像拖曳到需要的位置，如图 9-76 所示。图像被当前位置上的图像修补，效果如图 9-77 所示。按 Ctrl＋D 组合键取消选区，修补效果如图 9-78 所示。

图 9-75　　　　　　　　　　　　　　　图 9-76

图 9-77　　　　　　　　　　　　　　　图 9-78

选择修补工具属性栏中的"目标"选项，框选图像中需要的区域，如图 9-79 所示。将选区拖曳到要修补的图像区域，如图 9-80 所示。松开鼠标，选区中的图像修补了茶杯位置的图像，如图 9-81 所示。按 Ctrl + D 组合键取消选区，修补效果如图 9-82 所示。

图 9-79　　　　　　　　　　　　　　　图 9-80

图 9-81　　　　　　　　　　　　　　　图 9-82

3. 污点修复画笔工具

在属性栏选择污点修复画笔工具或反复按 Shift＋J 组合键切换至污点修复画笔工具，其属性栏具体功能如图 9-83 所示。

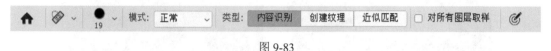

图 9-83

原始图像如图 9-84 所示。选择污点修复画笔工具，在其属性栏中按图 9-85 所示进行设置。在要修复的图像上按住鼠标左键不放并拖曳，如图 9-86 所示。松开鼠标，修复图像，效果如图 9-87 所示。

图 9-84

图 9-85

图 9-86　　　　　　　　　　　　　　　　图 9-87

4. 仿制图章工具

在属性栏选择仿制图章工具或反复按 Shift＋S 组合键切换至仿制图章工具，其属性栏具体功能如图 9-88 所示。

图 9-88

选择仿制图章工具将鼠标指针移至图像中需要复制的位置，按住 Alt 键，如图 9-89 所示。单击选择取样点，在合适的位置单击并按住鼠标左键不放，拖曳复制出取样点处的图像，松开鼠标，效果如图 9-90 所示。

图 9-89　　　　　　　　　　　　　　　　　　　图 9-90

5. 加深工具

在属性栏选择加深工具或反复按 Shift + O 组合键切换至加深工具，其属性栏具体功能如图 9-91 所示。

图 9-91

打开一幅图像，如图 9-92 所示。选择加深工具，在其属性栏中按图 9-93 所示进行设置。在图像中的动物上单击并按住鼠标左键不放，拖曳使图像产生加深效果，如图 9-94 所示。

图 9-92　　　　　　　　　　　图 9-93　　　　　　　　　　　图 9-94

6. "可选颜色"命令

打开一张图片，如图 9-95 所示。选择"图像→调整→可选颜色"命令，弹出"可选颜色"对话框，其中的设置如图 9-96 所示。单击"确定"按钮，效果如图 9-97 所示。

图 9-95　　　　　　　　　　　图 9-96　　　　　　　　　　　图 9-97

任务实施

本任务通过设计《时尚风格》杂志封面，让读者熟悉修图工具、图层蒙版、液化及"可选颜色"命令的应用。

1. 修复人物

(1) 按 Ctrl + O 组合键，弹出"打开"对话框，打开本书"相关资源"中的"Ch09→素材→制作休闲杂志封面→ 01"文件，如图 9-98 所示。选择套索工具，在人物的左脸颊附近绘制选区，如图 9-99 所示。

图 9-98　　　　　　　图 9-99

(2) 按 Shift + F6 组合键，弹出"羽化选区"对话框，具体设置如图 9-100 所示。单击"确定"按钮，羽化选区，如图 9-101 所示。

图 9-100　　　　　　　图 9-101

(3) 按 Ctrl + J 组合键复制选区内的图像。按 Ctrl + T 组合键，图像周围将出现变换框，在变换框中单击鼠标右键，在弹出的快捷菜单中选择"变形"命令，对人物进行瘦脸操作。按 Enter 键确认操作，效果如图 9-102 所示。

(4) 单击"图层"控制面板下方的"添加图层蒙版"按钮，为图层添加蒙版。将前景色设置为黑色。选择画笔工具，在其属性栏中单击"画笔"右侧的下拉按钮，在弹出的选项面板中选择并设置画笔，在图像窗口中涂抹图像上衔接不自然的地方，美化图像，效果如图 9-103 所示。

图 9-102　　　　　　　　　　　图 9-103

(5) 选择"背景"图层，选择套索工具在人物的右脸颊附近绘制选区，如图 9-104 所示。按 Shift + F6 组合键，在弹出的"羽化选区"对话框中进行设置，如图 9-105 所示。单击"确定"按钮，羽化选区。

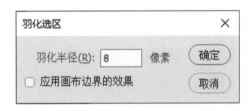

图 9-104　　　　　　　　　　　图 9-105

(6) 按 Ctrl + J 组合键，复制选区内的图像并将其置于顶层。按 Ctrl + T 组合键，图像周围将出现变换框。在变换框中单击鼠标右键，在弹出的快捷菜单中选择"变形"命令，对人物进行瘦脸操作。按 Enter 键确认操作，效果如图 9-106 所示。单击"图层"控制面板下方的"添加图层蒙版"按钮，为图层添加蒙版。选择画笔工具涂抹图像中衔接不自然的地方，美化图像，效果如图 9-107 所示。

图 9-106　　　　　　　　　图 9-107

(7) 选择"背景"图层，选择套索工具在人物的手臂附近绘制选区，如图 9-108 所示。按 Shift + F6 组合键，在弹出的"羽化选区"对话框中进行设置，如图 9-109 所示。单击"确定"按钮，羽化选区。

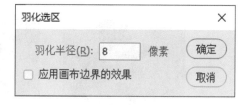

图 9-108　　　　　　　　　图 9-109

(8) 按 Ctrl + J 组合键，复制选区内的图像并将其置于顶层。按 Ctrl + T 组合键，图像周围将出现变换框。在变换框中单击鼠标右键，在弹出的快捷菜单中选择"变形"命令，对人物进行瘦身操作。按 Enter 键确认操作，效果如图 9-110 所示。为图层添加蒙版，选择画笔工具涂抹图像中衔接不自然的地方，美化图像，效果如图 9-111 所示。

图 9-110　　　　　　　　　图 9-111

(9) 选择"背景"图层，选择套索工具在人物的小臂附近绘制选区，如图 9-112 所示。按 Shift + F6 组合键，在弹出的"羽化选区"对话框中进行设置，如图 9-113 所示。单击"确定"按钮，羽化选区。

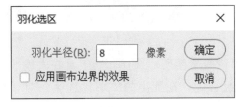

图 9-112　　　　　　　　　　　图 9-113

(10) 按 Ctrl + J 组合键，复制选区内的图像并将其置于顶层。按 Ctrl + T 组合键，图像周围将出现变换框。在变换框中单击鼠标右键，在弹出的快捷菜单中选择"变形"命令，对人物进行瘦臂操作。按 Enter 键确认操作，效果如图 9-114 所示。为图层添加蒙版，选择画笔工具涂抹图像中衔接不自然的地方，美化图像，效果如图 9-115 所示。

图 9-114　　　　　　　　　　　图 9-115

(11) 按 Alt + Shift + Ctrl + E 组合键盖印图层。选择"滤镜→液化"命令，弹出"液化"对话框，在其中修复人物腰部、脸部、头部的图像，如图 9-116 所示。单击"确定"按钮，效果如图 9-117 所示。

(12) 选择修补工具在帽子上的脏点周围绘制选区，如图 9-118 所示。将选区拖曳到目标位置，松开鼠标，修补脏点，如图 9-119 所示。选择污点修复画笔工具，在其属性栏中单击"画笔"右侧的下拉按钮，弹出画笔选项面板，其中的设置如图 9-120 所示。在人物脸上的痘痘处单击，去除痘痘，如图 9-121 所示。

图 9-116

图 9-117

图 9-118

图 9-119

图 9-120

图 9-121

(13) 选择钢笔工具，在其属性栏的"选择工具模式"下拉列表中选择"路径"选项，沿着头发的外轮廓绘制路径，如图 9-122 所示。按 Ctrl + Enter 组合键，将路径转化为选区，如图 9-123 所示。按 Shift + F6 组合键，在弹出的"羽化选区"对话框中进行设置，如图 9-124 所示。单击"确定"按钮，羽化选区，效果如图 9-125 所示。

图 9-122   图 9-123

图 9-124   图 9-125

(14) 选择仿制图章工具，在其属性栏中单击"画笔"右侧的下拉按钮，弹出画笔选项面板，具体设置如图 9-126 所示。在仿制图章工具属性栏中将"不透明度"设置为 100%，在按住 Alt 键的同时单击背景以吸取背景颜色，如图 9-127 所示。释放 Alt 键，在选区内进行涂抹，去除杂乱的头发，如图 9-128 所示。按 Ctrl + D 组合键取消选区。

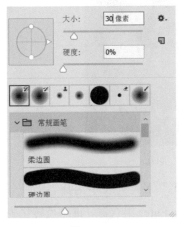

图 9-126   图 9-127   图 9-128

(15) 选择修补工具，在人物的眼袋周围绘制选区，如图 9-129 所示。将选区拖曳到目标位置，松开鼠标，修补眼袋。按 Ctrl + D 组合键取消选区，效果如图 9-130 所示。用相同的方法修补另一个眼袋，效果如图 9-131 所示。

图 9-129　　　　　　　　　图 9-130　　　　　　　　　图 9-131

2. 对人物进行调色

(1) 单击"图层"控制面板下方的"创建新的填充或调整图层"按钮，在弹出的菜单中选择"曲线"命令，此时"图层"控制面板中将生成"曲线 1"图层，同时弹出"属性"控制面板，在其中调整曲线，如图 9-132 所示。按 Enter 键确认操作，图像将变亮，效果如图 9-133 所示。

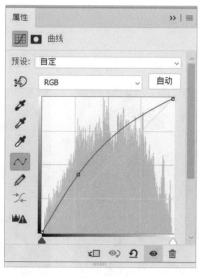

图 9-132　　　　　　　　　　　　　　　图 9-133

(2) 按 Alt + Delete 组合键，用前景色 (黑色) 填充图层，以遮挡调亮了的图像。将前景色设置为白色，背景色设置为黑色。选择画笔工具，在其属性栏中单击"画笔"右侧的下拉按钮，在弹出的选项面板中选择并设置画笔，如图 9-134 所示。在画笔工具属性栏中将"不透明度"设置为 60%，在图像窗口中人物的脸部和手上进行涂抹，效果如图 9-135 所示。

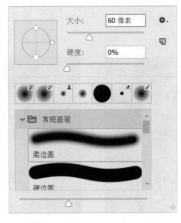

图 9-134　　　　　　　　　　图 9-135

(3) 单击"图层"控制面板下方的"创建新的填充或调整图层"按钮,在弹出的菜单中选择"曲线"命令,此时"图层"控制面板中将生成"曲线 2"图层,同时弹出"属性"控制面板,在其中调整曲线,如图 9-136 所示。按 Enter 键确认操作,图像将变暗,效果如图 9-137 所示。

(4) 按 Ctrl + Delete 组合键,用背景色 (黑色) 填充图层,以遮挡调暗了的图像。选择画笔工具在图像窗口中人物的身体上进行涂抹,效果如图 9-138 所示。按 Alt + Shift + Ctrl + E 组合键盖印图层。

图 9-136　　　　　　　图 9-137　　　　　　　图 9-138

(5) 选择套索工具,在人物的眼睛周围绘制选区,如图 9-139 所示。按 Shift + F6 组合键,在弹出的"羽化选区"对话框中进行设置,如图 9-140 所示。单击"确定"按钮,羽化选区。

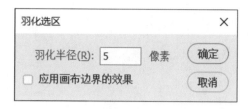

图 9-139　　　　　　　　　　图 9-140

(6) 选择"图像→调整→可选颜色"命令，在弹出的"可选颜色"对话框中进行设置，如图 9-141 所示。单击"确定"按钮，调整选区内的颜色。取消选区，效果如图 9-142 所示。

图 9-141　　　　　　　　　　图 9-142

(7) 选择套索工具，在人物的嘴巴周围绘制选区，如图 9-143 所示。按 Shift + F6 组合键，在弹出的"羽化选区"对话框中进行设置，如图 9-144 所示。单击"确定"按钮，羽化选区。

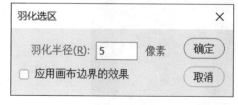

图 9-143　　　　　　　　　　图 9-144

(8) 选择"图像→调整→可选颜色"命令，在弹出的"可选颜色"对话框中进行设置，如图 9-145 所示。单击"确定"按钮，调整选区内的颜色。取消选区，如图 9-146 所示。

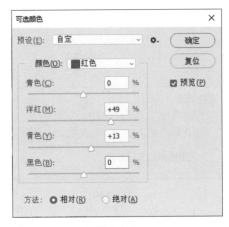

图 9-145　　　　　　　　　　　　　图 9-146

(9) 选择加深工具，单击其属性栏中"画笔"右侧的下拉按钮，在弹出的选项面板中选择并设置画笔，如图 9-147 所示。将"曝光度"设置为 20%，在图像窗口中人物的眉毛上进行涂抹，加深其颜色，效果如图 9-148 所示。

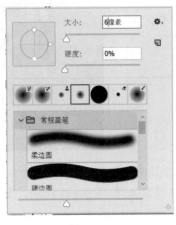

图 9-147　　　　　　　　　　　　　图 9-148

(10) 选择套索工具，在人物的右眼睛上绘制选区，如图 9-149 所示。按 Shift + F6 组合键，在弹出的"羽化选区"对话框中进行设置，如图 9-150 所示。单击"确定"按钮，羽化选区。

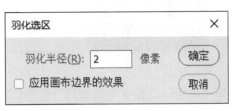

图 9-149　　　　　　　　　　　　　图 9-150

(11) 按 Ctrl + J 组合键复制选区内的图像。在"图层"控制面板中,将该图层的混合模式设置为滤色,"不透明度"设置为 23%,如图 9-151 所示。按 Enter 键确认操作,效果如图 9-152 所示。用相同的方法调整人物的左眼睛,效果如图 9-153 所示。

图 9-151   图 9-152   图 9-153

(12) 选择"图层 6",选择钢笔工具,在人物的嘴唇上绘制路径,如图 9-154 所示。按 Ctrl + Enter 组合键,将路径转化为选区,如图 9-155 所示。

图 9-154   图 9-155

(13) 按 Shift + F6 组合键,在弹出的"羽化选区"对话框中进行设置,如图 9-156 所示。单击"确定"按钮,羽化选区。按 Ctrl + J 组合键,复制选区中的图像并将其拖曳到所有图层的上方。

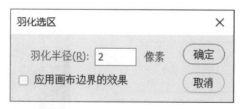

图 9-156

(14) 单击"图层"控制面板下方的"创建新的填充或调整图层"按钮,在弹出的菜单中选择"曲线"命令,此时"图层"控制面板中将生成"曲线 3"图层,同时弹出"属性"控制面板,如图 9-157 所示。按 Enter 键确认操作,效果如图 9-158 所示。

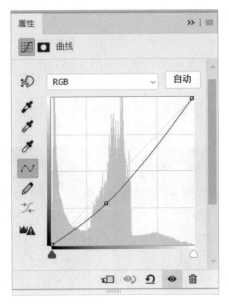

图 9-157   图 9-158

(15) 单击"图层"控制面板下方的"创建新的填充或调整图层"按钮，在弹出的菜单中选择"色相 / 饱和度"命令，此时"图层"控制面板中将生成"色相 / 饱和度 1"图层，同时弹出"属性"控制面板，设置如图 9-159 所示。按 Enter 键确认操作，效果如图 9-160 所示。

图 9-159   图 9-160

(16) 选择"图层 6"，选择磁性套索工具，单击其属性栏中的"添加到选区"按钮，在人物的头发上绘制选区，如图 9-161 所示。按 Shift + F6 组合键，在弹出的"羽化选区"对话框中进行设置，如图 9-162 所示。单击"确定"按钮，羽化选区。

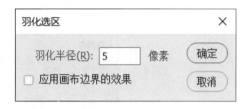

图 9-161　　　　　　　　　　　　图 9-162

(17) 按 Ctrl + J 组合键，复制选区内的图像并将其拖曳到所有图层的上方。选择"图像→调整→阴影 / 高光"命令，在弹出的"阴影 / 高光"对话框中进行设置，如图 9-163 所示。单击"确定"按钮，调整图像，效果如图 9-164 所示。

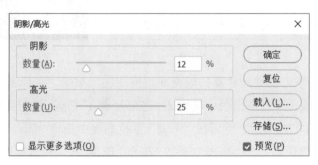

图 9-163　　　　　　　　　　　　图 9-164

(18) 将"图层 10"拖曳到"图层"控制面板下方的"创建新图层"按钮上，复制图层。将该图层的混合模式设置为"颜色"，如图 9-165 所示。图像效果如图 9-166 所示。

图 9-165　　　　　　　　　　　　图 9-166

(19) 单击"图层"控制面板下方的"创建新的填充或调整图层"按钮，在弹出的菜单中选择"可选颜色"命令，此时"图层"控制面板中将生成"可选颜色 1"图层，同时弹出"属性"控制面板，在其中设置"颜色"为蓝色，其他设置如图 9-167 所示；再设置"颜色"为中性色，其他设置如图 9-168 所示。按 Enter 键确认操作，效果如图 9-169 所示。

图 9-167　　　　　　　　图 9-168　　　　　　　　图 9-169

(20) 单击"图层"控制面板下方的"创建新的填充或调整图层"按钮，在弹出的菜单中选择"色彩平衡"命令，此时"图层"控制面板中将生成"色彩平衡 1"图层，同时弹出"属性"控制面板，其中的设置如图 9-170 所示。然后在"色调"下拉列表中选择"阴影"选项，其他设置如图 9-171 所示；再在"色调"下拉列表中选择"高光"选项，其他设置如图 9-172 所示。按 Enter 键确认操作，效果如图 9-173 所示。

图 9-170　　　　　　　　图 9-171

图 9-172　　　　　　　　　　　　　　　图 9-173

(21) 单击"图层"控制面板下方的"创建新的填充或调整图层"按钮，在弹出的菜单中选择"照片滤镜"命令，此时"图层"控制面板中将生成"照片滤镜 1"图层，同时弹出"属性"控制面板，其中的设置如图 9-174 所示。图像效果如图 9-175 所示。按 Alt + Shift + Ctrl + E 组合键盖印图层。

图 9-174　　　　　　　　　　　　　　　图 9-175

3. 制作封面

(1) 按 Ctrl + O 组合键，弹出"打开"对话框，打开本书"相关资源"中的"Ch09 → 素材→制作休闲杂志封面→ 02"文件，如图 9-176 所示。选择移动工具，将盖印好的人物图像拖曳到"02"图像窗口中，并调整其大小和位置，如图 9-177 所示。

　　　　　图 9-176　　　　　　　　　　　　　　　　图 9-177

　　(2) 在"图层"控制面板中,将"图层 1"的混合模式设置为"正片叠底",如图 9-178 所示。图像效果如图 9-179 所示。按 Ctrl + O 组合键,弹出"打开"对话框,打开本书"相关资源"中的"Ch09 → 素材→制作休闲杂志封面→ 03"文件。选择移动工具,将文字图像拖曳到"02"图像窗口中并调整其位置, 效果如图 9-180 所示。

　　　图 9-178　　　　　　　　　　图 9-179　　　　　　　　　　图 9-180

至此,休闲杂志封面制作完成。

扩展实践｜制作时尚杂志封面

　　如图 9-181 所示,使用污点修复画笔工具修复人物肩部的污点,使用仿制图章工具调整人物的碎发,使用修补工具修复人物脖子上的皱纹,使用"液化"命令调整人物的脸部和肩部,使用套索工具、"羽化"命令和"变换"命令调整人物的形体,使用横排文字工具添加文字,使用绘图工具绘制需要的图形。最终效果请参看本书"相关资源"中的"Ch09 → 效果→制作时尚杂志封面"文件。

图 9-181

 任务9.3　制作啤酒包装

制作啤酒包装

任务引入

　　本任务要求为 MEIWEI 饮品公司制作罐装啤酒的包装，要求设计能够突出品牌名称。

设计理念

　　本任务要求设计的包装如图 9-182 所示。该包装以银白色为主，在体现金属质感的同时，也营造出现代感；红色起到了点缀的作用，使整个包装色彩更加丰富且具

图 9-182

有活力；倾斜的蓝色文字使包装具有动感，并且给人清爽的感觉。设计的最终效果请参看本书"相关资源"中的"Ch09→效果→制作啤酒包装"文件。

使用渐变工具可以快速填充渐变色。所谓渐变色，就是具有多种过渡颜色的混合色。应用变形文字可以将文字进行多种样式的变形，如扇形、旗帜、波浪、膨胀、扭转等。"扭曲"滤镜可以生成一组从波纹到扭曲图像的变形效果。"渲染"滤镜既可以在图片中产生照明的效果，也可以产生不同的光源效果和夜景效果。

1. 渐变工具

在属性栏选择渐变工具或反复按 Shift + G 组合键切换至渐变工具，其属性栏具体功能如图 9-183 所示。

图 9-183

图 9-183 中的下拉列表框用于选择和编辑渐变色彩。

单击"点按可编辑渐变"下拉列表框将弹出"渐变编辑器"对话框，如图 9-184 所示，用户在其中可以自定义渐变类型和色彩。

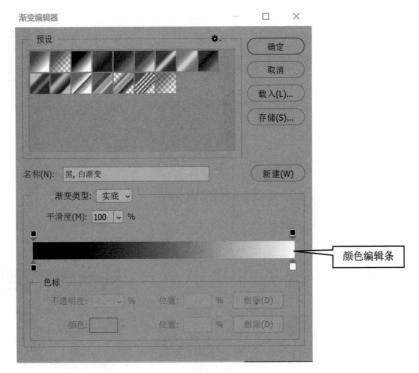

图 9-184

在"渐变编辑器"对话框中，在颜色编辑条下方的适当位置单击，可以增加色标，如图 9-185 所示。在"色标"下方的"颜色"下拉列表中选择颜色，或双击创建的色标，将弹出"拾色器"对话框，如图 9-186 所示。在其中选择所需颜色，单击"确定"按钮，即可改变色标颜色。在"色标"下方的"位置"文本框中输入数值或用鼠标指针直接拖曳色标，可以调整色标的位置。

图 9-185

图 9-186

任意选择一个色标，如图 9-187 所示，单击其下方的"删除"按钮 (或按 Delete 键)，可以将该色标删除，如图 9-188 所示。

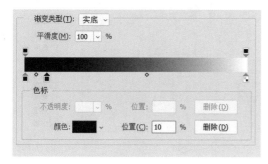

图 9-187

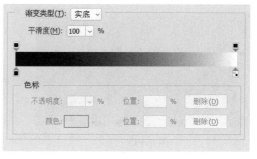

图 9-188

单击颜色编辑条左上方的黑色色标，如图 9-189 所示，调整"不透明度"的数值，可以调整该色标的不透明度，如图 9-190 所示。

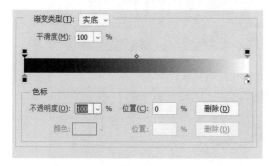

图 9-189

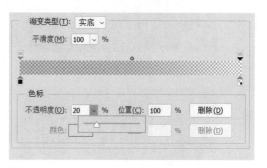

图 9-190

单击颜色编辑条上方的某一位置，可以增加色标，如图 9-191 所示，调整"不透明度"的数值，可以调整新色标的不透明度，如图 9-192 所示。

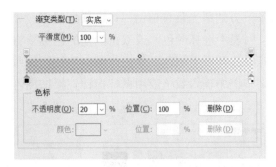

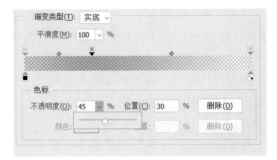

图 9-191　　　　　　　　　　　　　　图 9-192

2. 变形文字

选择横排文字工具，在图像窗口中输入如图 9-193 所示的文字。单击横排文字工具属性栏中的"创建文字变形"按钮，弹出"变形文字"对话框，如图 9-194所示。在"样式"下拉列表中包含多种文字变形样式，如图 9-195 所示。应用部分不同变形样式后的文字效果如图 9-196 所示。

图 9-193　　　　　　　　　　　图 9-194　　　　　　　　　图 9-195

扇形　　　　　　　　　　　　　　　　下弧

上弧　　　　　　　　　　　　　　　　拱形

凸起　　　　　　　　　　　　贝壳

图 9-196

如果要取消文字的变形效果，则打开"变形文字"对话框，在
"样式"下拉列表中选择"无"选项即可。

3."扭曲"滤镜

使用"扭曲"滤镜可以在图像中产生一组从波纹到扭曲的变形
效果。"扭曲"滤镜命令的子菜单如图 9-197 所示。应用部分不同
滤镜制作出的不同效果如图 9-198 所示。

波浪...
波纹...
极坐标...
挤压...
切变...
球面化...
水波...
旋转扭曲...
置换...

图 9-197

原图　　　　　　波浪 ...　　　　　　波纹 ...

极坐标 ...　　　　挤压 ...　　　　　切变 ...

图 9-198

4. "渲染"滤镜

使用"渲染"滤镜可以在图像中产生火焰、光照、云彩等效果。"渲染"滤镜命令的子菜单如图 9-199 所示。应用部分不同滤镜制作出的不同效果如图 9-200 所示。

火焰...
图片框...
树...

分层云彩
光照效果...
镜头光晕...
纤维...
云彩

图 9-199

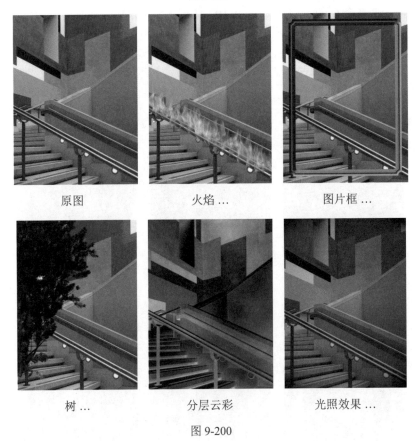

原图　　　　　　火焰 …　　　　　　图片框 …

树 …　　　　　　分层云彩　　　　　　光照效果 …

图 9-200

任务实施

本任务通过制作罐装啤酒的包装，让读者熟悉渐变工具、剪贴蒙版、图层样式、"扭曲"滤镜及"渲染"滤镜等命令的应用。

1. 制作背景效果

(1) 按 Ctrl + N 组合键,弹出"新建文档"对话框,在其中设置"宽度"为 10 厘米、"高度"为 8 厘米、"分辨率"为 300 像素 / 英寸、"颜色模式"为 RGB、"背景内容"为白色。单击"创建"按钮,新建文件。

(2) 新建一个图层并将其命名为"听身"。选择钢笔工具,将其属性栏中的"选择工具模式"设置为路径,在图像窗口中绘制路径。按 Ctrl + Enter 组合键,将路径转换为选区,如图 9-201 所示。

(3) 选择渐变工具,单击其属性栏中的"点按可编辑渐变"下拉列表框,弹出"渐变编辑器"对话框。通过"位置"文本框添加 0、25、50、75、100 这 5 个位置点,分别设置这 5 个位置点颜色的 RGB 值为 (178,178,178)、(255,255,255)、(226,226,226)、(255,255,255)、(178,178,178),如图 9-202 所示。单击"确定"按钮,在图像窗口中按住鼠标左键不放,从左向右拖曳,效果如图 9-203 所示。按 Ctrl + D 组合键取消选区。

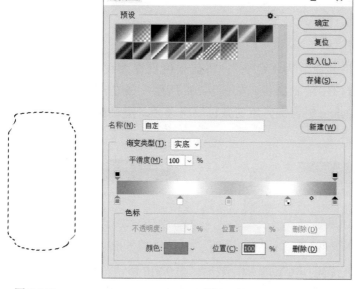

图 9-201   图 9-202

图 9-203

(4) 新建一个图层并将其命名为"听口"。选择钢笔工具,在图像窗口中绘制路径。按 Ctrl + Enter 组合键,将路径转换为选区,效果如图 9-204 所示。

(5) 选择渐变工具,单击其属性栏中的"点按可编辑渐变"下拉列表框,弹出"渐变编辑器"对话框。通过"位置"文本框添加 0、22、50、78、100 这 5 个位置点,分别设置这 5 个位置点颜色的 RGB 值为 (165,165,165)、(230,230,230)、(136,136,136)、(230,230,230)、(165,165,165),如图 9-205 所示。单击"确定"按钮,在图像窗口中按

图 9-204

住鼠标左键不放，从左向右拖曳，效果如图 9-206 所示。按 Ctrl + D 组合键取消选区。按 Alt + Ctrl + G 组合键创建剪贴蒙版，效果如图 9-207 所示。

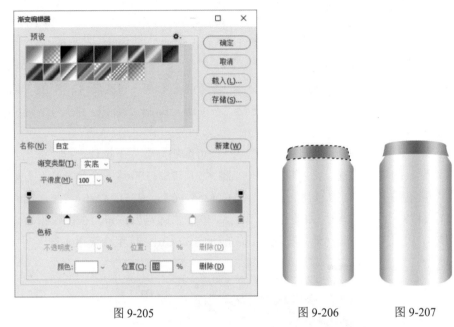

图 9-205　　　　　　　　　　图 9-206　　　图 9-207

(6) 新建一个图层并将其命名为"色块"。将前景色设置为浅红色 (232，111，100)。选择钢笔工具，在图像窗口中绘制路径，如图 9-208 所示。按 Ctrl + Enter 组合键，将路径转换为选区。按 Alt + Delete 组合键，用前景色填充选区。按 Ctrl + D 组合键取消选区，效果如图 9-209 所示。

图 9-208　　　　　　　　　　　　图 9-209

(7) 按 Alt + Ctrl + G 组合键创建剪贴蒙版，效果如图 9-210 所示。在"图层"控制面板中将"色块"图层的混合模式设置为"正片叠底"，如图 9-211 所示。图像效果如图 9-212 所示。

图 9-210　　　　　　　　图 9-211　　　　　　　　图 9-212

(8) 新建一个图层并将其命名为"听底"。将前景色设置为白色。选择椭圆选框工具绘制一个椭圆形选区。按 Alt + Delete 组合键，用前景色填充选区，效果如图 9-213 所示。按 Ctrl + D 组合键取消选区。单击"图层"控制面板下方的"添加图层样式"按钮，在弹出的菜单中选择"内阴影"命令，在弹出的对话框中进行设置，如图 9-214 所示。

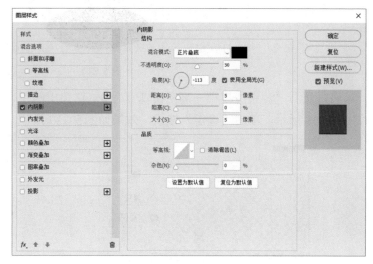

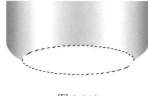

图 9-213　　　　　　　　　　　　　　　　　图 9-214

(9) 在"图层样式"对话框中勾选"渐变叠加"复选框，切换到相应的面板，单击其属性栏中的"点按可编辑渐变"下拉列表框，弹出"渐变编辑器"对话框。通过"位置"文本框添加 0、22、50、78、100 这 5 个位置点，分别设置这 5 个位置点颜色的 RGB 值为 (165，165，165)、(230，230，230)、(136，136，136)、(230，230，230)、(165，165，165)。单击"确定"按钮，返回到"图层样式"对话框，其中的设置如图 9-215 所示。单击"确定"按钮，效果如图 9-216 所示。

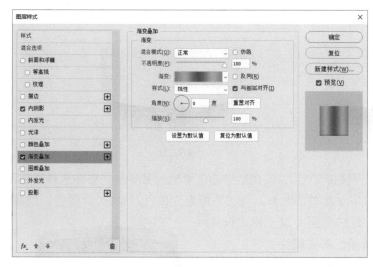

图 9-215　　　　　　　　　　　　　　　　　图 9-216

(10) 新建一个图层并将其命名为"阴影"。将前景色设置为黑色。选择椭圆选框工具，绘制一个椭圆形选区。按 Alt + Delete 组合键，用前景色填充选区。按 Ctrl + D 组合键取消选区，效果如图 9-217 所示。

图 9-217

(11) 选择"滤镜→模糊→高斯模糊"命令，在弹出的"高斯模糊"对话框中进行设置，如图 9-218 所示。单击"确定"按钮，效果如图 9-219 所示。

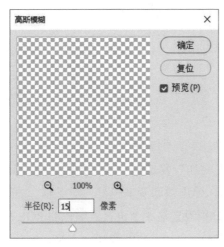

图 9-218　　　　　　　　　　　　　　　图 9-219

(12) 在按住 Shift 键的同时，单击"听底"图层，同时选择"阴影"和"听底"图层，将它们拖曳到"背景"图层的上方，图像效果如图 9-220 所示。将"阴影"图层拖曳到"听底"图层的下方，效果如图 9-221 所示。

图 9-220　　　　　　　　　　　　　　　图 9-221

(13) 选择"色块"图层，选择横排文字工具，在适当的位置输入需要的文字并选择文字，在其属性栏中选择合适的字体并设置文字大小，将文字填充为白色。此时，"图层"控制面板中将生成新的文字图层，将该图层的混合模式设置为"柔光"，效果如图 9-222 所示。单击横排文字工具属性栏中的"创建文字变形"按钮，弹出"变形文字"对话框，其中的设置如图 9-223 所示。单击"确定"按钮，

图 9-222

效果如图 9-224 所示。

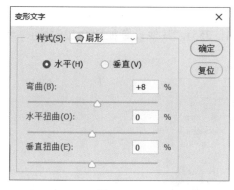

图 9-223　　　　　　　　　　　　图 9-224

2. 制作 Logo 和标题

(1) 新建一个图层并将其命名为"图形"。将前景色设置为红色 (237，44，27)。选择钢笔工具，将其属性栏中的"选择工具模式"设置为路径，在图像窗口中绘制路径，如图 9-225 所示。按 Ctrl + Enter 组合键，将路径转换为选区。按 Alt + Delete 组合键，用前景色填充选区，效果如图 9-226 所示。按 Ctrl + D 组合键取消选区。

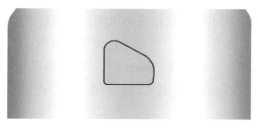

图 9-225　　　　　　　　　　　　图 9-226

(2) 单击"图层"控制面板下方的"添加图层样式"按钮，在弹出的菜单中选择"描边"命令，设置描边颜色为橙色 (212，80，64)，其他设置如图 9-227 所示。单击"确定"按钮，效果如图 9-228 所示。

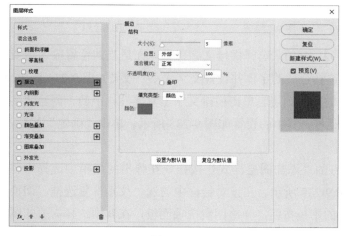

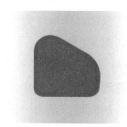

图 9-227　　　　　　　　　　　　图 9-228

(3) 将"图形"图层拖曳到"图层"控制面板下方的"创建新图层"按钮上，即可复制该图层。单击"图层"控制面板下方的"添加图层样式"按钮，在弹出的菜单中选择"描边"命令，设置描边颜色为浅蓝色 (207，244，255)，其他设置如图 9-229 所示。单击"确定"按钮，效果如图 9-230 所示。

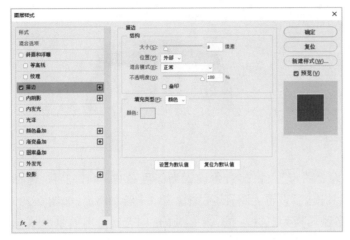 

图 9-229 　　　　　　　　　　　　　　　　　　　　图 9-230

(4) 在"图层"控制面板中将"图形 拷贝"图层拖曳至"图形"图层下方，效果如图 9-231 所示。新建一个图层并将其命名为"图标"。将前景色设置为白色。选择钢笔工具，在图像窗口中绘制路径，如图 9-232 所示。按 Ctrl + Enter 组合键，将路径转换为选区。按 Alt + Delete 组合键，用前景色填充选区，效果如图 9-233 所示。按 Ctrl + D 组合键取消选区。

图 9-231 　　　　　　　　图 9-232 　　　　　　　　图 9-233

(5) 将前景色设置为蓝色 (49，92，160)。选择横排文字工具，在适当的位置输入需要的文字并选择文字，在其属性栏中选择合适的字体并设置文字大小，效果如图 9-234 所示。此时"图层"控制面板中将生成新的文字图层。单击横排文字工具属性栏中的"创建文字变形"按钮，弹出"变形文字"对话框，其中的设置如图 9-235 所示。单击"确定"按钮，效果如图 9-236 所示。

(6) 单击"图层"控制面板下方的"添加图层样式"按钮，在弹出的菜单中选择"斜面和浮雕"命令，其中的设置如图 9-237 所示。在该对话框中勾选"纹理"复选框，切换到相应的面板。单击"图案"右侧的下拉按钮，弹出图案选项面板，在其中选择需要的图案，如图 9-238 所示。

图 9-234　　　　　　　　　　图 9-235　　　　　　　　　　图 9-236

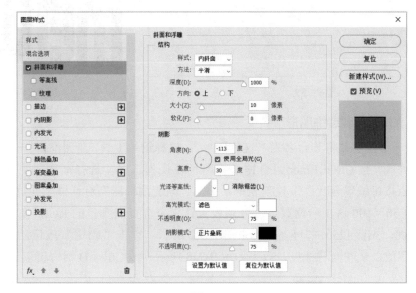

图 9-237

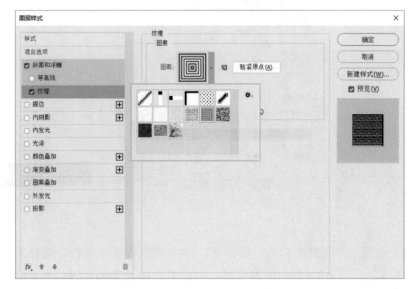

图 9-238

(7) 在"图层样式"对话框中勾选"内阴影"复选框,切换到相应的面板,将阴影颜色设置为黑色,其他设置如图 9-239 所示。单击"确定"按钮,效果如图 9-240 所示。

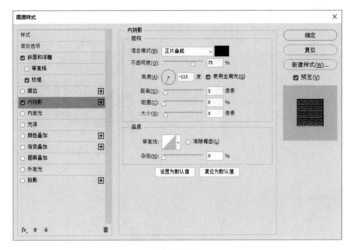

图 9-239　　　　　　　　　　　　　　　　　　　　　图 9-240

3. 添加宣传文字和装饰图形

(1) 新建一个图层并将其命名为"红色图形"。选择钢笔工具,在图像窗口中绘制路径,如图 9-241 所示。按 Ctrl + Enter 组合键,将路径转换为选区。选择渐变工具,单击其属性栏中的"点按可编辑渐变"下拉列表框,弹出"渐变编辑器"对话框。通过"位置"文本框添加 0、50、100 这 3 个位置点,分别设置这 3 个位置点颜色的 RGB 值为 (250,71,63)、(144,40,36)、(250,71,63),如图 9-242 所示。单击"确定"按钮,在选区中按住鼠标左键不放,从左向右拖曳,效果如图 9-243 所示。按 Ctrl + D 组合键取消选区。

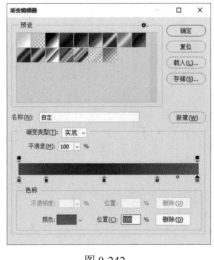

图 9-241　　　　　　　　　　图 9-242　　　　　　　　　　图 9-243

(2) 新建一个图层并将其命名为"阴影 2"。将前景色设置为黑色。选择矩形选框工具绘制一个矩形选区。按 Alt + Delete 组合键,用前景色填充矩形选区。按 Ctrl + D 组合键取消选区,效果如图 9-244 所示。

图 9-244

(3) 选择"滤镜→模糊→高斯模糊"命令,弹出"高斯模糊"对话框,其中的设置如图 9-245 所示。单击"确定"按钮,效果如图 9-246 所示。

图 9-245   图 9-246

(4) 在"图层"控制面板中将"阴影 2"图层的"不透明度"设置为 40%、"填充"设置为 65%,如图 9-247 所示。按 Enter 键确认操作,图像效果如图 9-248 所示。将"阴影 2"图层拖曳到"红色图形"图层的下方,图像效果如图 9-249 所示。

图 9-247   图 9-248   图 9-249

(5) 选择"红色图形"图层。将前景色设置为白色。选择横排文字工具,在适当的位置输入需要的文字并选择文字,在其属性栏中选择合适的字体并设置文字大小,效果如图 9-250 所示。此时,"图层"控制面板中将生成新的文字图层。

图 9-250

(6) 单击横排文字工具属性栏中的"创建文字变形"按钮，弹出"变形文字"对话框，其中的设置如图 9-251 所示。单击"确定"按钮，效果如图 9-252 所示。

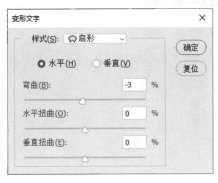

图 9-251　　　　　　　　　　　图 9-252

(7) 选择横排文字工具，在适当的位置输入需要的文字并选择文字，在其属性栏中选择合适的字体并设置文字大小，填充文字为灰色 (148，148，148)，效果如图 9-253 所示。用相同的方法添加其他文字，效果如图 9-254 所示。此时，"图层"控制面板中生成"500 ml"图层和"alc./vol."图层。

图 9-253　　　　　　　　　　　图 9-254

(8) 在按住 Shift 键的同时，单击"alc./vol."图层和"阴影"图层，同时选择这两个图层之间的所有图层。按 Alt + Ctrl + E 组合键，将图层复制并合并，将其命名为"合并效果"，如图 9-255 所示。选择移动工具将图像拖曳到图像窗口中的适当位置并调整其大小，效果如图 9-256 所示。

至此，啤酒包装制作完成。

图 9-255　　　　　　　　　　　图 9-256

扩展实践　制作果汁饮料包装

如图 9-257 所示，使用直线工具和图层混合模式制作背景效果，使用多边形工具绘制星形，使用"光照效果"滤镜制作背景中的光照效果，使用"切变"命令调整图像，使用矩形选框工具、"羽化"命令和"曲线"命令制作出明暗变化效果。最终效果请参看本书"相关资源"中的"Ch09→效果→制作果汁饮料包装"文件。

制作果汁饮料包装 1

制作果汁饮料包装 2

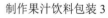

制作果汁饮料包装 3

图 9-257

任务9.4　项目演练——制作咖啡包装

任务引入

制作咖啡包装 1　　制作咖啡包装 2

云夫公司是一家研发、生产和销售各类咖啡的食品公司。目前该公司的畅销产品"卡布利诺"咖啡需要更换新包装并重新上市，本任务要求为该款咖啡制作包装，要求设计突出产品的特点，达到宣传的目的。

设计理念

　　本任务要求设计的包装如图 9-258 所示。该包装选用的颜色与产品相关，紧贴主题；文字醒目突出，让人一目了然；真实的产品图片向顾客展示了产品的质感，突出了产品浓稠香醇的特色，激发顾客的购买欲望。设计的最终效果请参看本书"相关资源"中的"Ch09 → 效果→制作咖啡包装"文件。

图 9-258

项目 10
制作商业设计——综合设计实训

本项目为综合设计实训，将通过商业设计项目的真实情境引导读者利用所学知识完成商业设计项目。通过本项目的学习，读者可以牢固掌握 Photoshop 的强大功能和使用技巧，并应用所学技能制作出专业的商业设计作品。

学习引导

知识目标
- 了解常见的设计领域

能力目标
- 掌握 Photoshop 的使用方法
- 掌握 Photoshop 在不同设计领域中的使用技巧

素养目标
- 培养读者完成商业案例的能力
- 坚定文化自信，积极用作品展示美好生活

实训任务
- 制作女包类 App 首页的 Banner
- 制作音乐类 App 的引导界面
- 制作金融理财行业推广 H5
- 制作七夕节海报

制作女包类 App
主页 Banner

任务10.1 制作女包类App首页的Banner

 任务引入

晒潮流是一个女包销售及售后服务平台。本任务要求为该平台 App 首页制作一款

Banner，用于"双 11"推广活动，要求设计在展现出时尚潮流的同时，突出优惠力度。

本任务要求设计的 Banner 如图 10-1 所示。该 Banner 以模特和女包为主体，宣传主题突出；背景中的元素动静结合，具有活力；画面中的色彩富有朝气，给人青春洋溢的印象；文字信息醒目，强化了宣传效果。设计的最终效果请参看本书"相关资源"中的"Chl0 → 效果→制作女包类 App 首页的 Banner"文件。

图 10-1

任务实施

本任务通过制作女包类 App 首页的 Banner，让读者掌握调整图层、圆角矩形和文字工具的应用。

(1) 按 Ctrl + N 组合键，弹出"新建文档"对话框，设置"宽度"为 750 像素、"高度"为 200 像素、"分辨率"为 72 像素 / 英寸、"颜色模式"为 RGB、"背景内容"为白色。单击"创建"按钮，新建文件。

(2) 按 Ctrl + O 组合键，弹出"打开"对话框，打开本书"相关资源"中的"Chl0 → 素材→制作女包类 App 首页的 Banner → 01、02"文件。选择移动工具，将"01"和"02"图片拖曳到新建的图像窗口中的适当位置，效果如图 10-2 所示。此时，"图层"控制面板中将生成新的图层，分别将它们命名为"底图"和"包 1"。

图 10-2

(3) 单击"图层"控制面板下方的"创建新的填充或调整图层"按钮，在弹出的菜单中选择"色阶"命令，此时"图层"控制面板中将生成"色阶 1"图层，同时弹出"属性"

控制面板。单击"此调整影响下面的所有图层"按钮，使其变为"此调整剪切到此图层"
按钮，其他设置如图 10-3 所示。按 Enter 键确认操作，图像效果如图 10-4 所示。

图 10-3　　　　　　　　　　　　　　　图 10-4

(4) 按 Ctrl＋O 组合键，弹出"打开"对话框，打开本
书"相关资源"中的"Chl0 → 素材 → 制作女包类 App 首页
的 Banner → 03"文件。选择移动工具，将"03"图片拖曳
到图像窗口中的适当位置，并调整其大小，效果如图 10-5
所示。"图层"控制面板中将生成一个新的图层，将其命名
为"模特"。

图 10-5

(5) 单击"图层"控制面板下方的"创建新的填充或
调整图层"按钮，在弹出的菜单中选择"色相 / 饱和度"命令，此时"图层"控制面板中
将生成"色相 / 饱和度 1"图层，同时弹出"属性"控制面板。单击"此调整影响下面的
所有图层"按钮，使其变为"此调整剪切到此图层"按钮，其他设置如图 10-6 所示。按
Enter 键确认操作，图像效果如图 10-7 所示。

图 10-6　　　　　　　　　　　　　　　图 10-7

(6) 按 Ctrl + O 组合键，弹出"打开"对话框，打
开本书"相关资源"中的"Ch10 → 素材 → 制作女包类
App 首页的 Banner → 04"文件。选择移动工具，将"04"
图片拖曳到图像窗口中的适当位置，效果如图 10-8 所
示。此时，"图层"控制面板中将生成一个新的图层，
将其命名为"包 2"。

图 10-8

(7) 单击"图层"控制面板下方的"创建新的填充
或调整图层"按钮，在弹出的菜单中选择"亮度 / 对比度"命令，此时"图层"控制面板
中将生成"亮度 / 对比度 1"图层，同时弹出"属性"控制面板。单击"此调整影响下面
的所有图层"按钮，使其变为"此调整剪切到此图层"按钮，其他设置如图 10-9 所示。
按 Enter 键确认操作，图像效果如图 10-10 所示。

图 10-9

图 10-10

(8) 选择横排文字工具，在适当的位置输入如图 10-11 所示的文字并选择文字，在其
属性栏中选择合适的字体并设置文字大小，设置文字颜色为白色。此时，"图层"控制面
板中将生成新的文字图层。

图 10-11

(9) 选择圆角矩形工具，在其属性栏的"选择工具模式"下拉列表中选择"形状"选
项，将填充颜色设置为橙黄色 (255，213，42)、描边颜色设置为无、半径设置为 11 像素。
在图像窗口中绘制一个圆角矩形，效果如图 10-12 所示。此时，"图层"控制面板中将生

成新的图层"圆角矩形 1"。

(10) 选择横排文字工具，在适当的位置输入文字"GO"并选择文字，在其属性栏中选择合适的字体并设置文字大小，设置文字颜色为红色 $(234,57,34)$，效果如图 10-13 所示。此时，"图层"控制面板中将生成新的文字图层。

图 10-12　　　　　　　　　　图 10-13

至此，女包类 App 首页的 Banner 制作完成，效果如图 10-14 所示。

图 10-14

 任务10.2　制作音乐类App的引导界面

 任务引入

某音乐类 App 是一款专注于发现与分享音乐的软件，其具有音乐在线试听、歌词翻译、手机铃声下载等功能。本任务要求为该 App 制作引导页界面，要求设计营造出悠远雅致的氛围。

制作音乐类
App 引导页

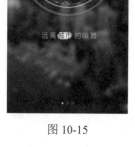

图 10-15

 设计理念

本任务要求设计的界面如图 10-15 所示。该界面以城市图片为主体，提升了现代感；通过局部模糊处理，营造出朦胧感、梦幻感；简约的文字意境

深远，提升了画面的质感。设计的最终效果请参看本书"相关资源"中的"Chl0→效果→制作音乐类 App 的引导界面"文件。

任务实施

本任务通过制作音乐类 App 的引导界面，让读者掌握高斯模糊、椭圆工具、智能锐化滤镜及剪贴蒙版等工具的应用。

(1) 按 Ctrl + O 组合键，弹出"打开"对话框，打开本书"相关资源"中的"Ch10→素材→制作音乐类 App 的引导界面→01"文件，效果如图 10-16 所示。此时"图层"控制面板中将生成图层"背景"。将"背景"图层拖曳到"图层"控制面板下方的"创建新图层"按钮上，对其进行复制，生成新的图层，将其命名为"背景 拷贝"，如图 10-17 所示。

图 10-16　　　　　　　　　　图 10-17

(2) 单击"背景 拷贝"图层左侧的图标，将该图层隐藏，如图 10-18 所示。选择"背景"图层，如图 10-19 所示。

图 10-18　　　　　　　　　　图 10-19

(3) 选择"滤镜→模糊→高斯模糊"命令，在弹出的"高斯模糊"对话框中进行设置，如图 10-20 所示。单击"确定"按钮，效果如图 10-21 所示。

图 10-20　　　　　　　　　　图 10-21

(4) 选择椭圆工具，将其属性栏中的选择工具模式设置为形状，将填充颜色设置为黄色 (255，211，0)、描边颜色设置为无。按住 Shift 键的同时，在图像窗口中绘制一个圆形，效果如图 10-22 所示。此时"图层"控制面板中将生成新的图层"椭圆 1"。按 Ctrl + J 组合键复制该图层，并将复制的图层拖曳到所有图层的上方，如图 10-23 所示。

图 10-22　　　　　　　　　　图 10-23

(5) 单击"椭圆 1"图层左侧的图标，将该图层隐藏，如图 10-24 所示。选择并显示"背景 拷贝"图层，如图 10-25 所示。

图 10-24　　　　　　　　　　　图 10-25

(6) 选择"滤镜→锐化→智能锐化"命令，在弹出的"智能锐化"对话框中进行设置，如图 10-26 所示。单击"确定"按钮，效果如图 10-27 所示。

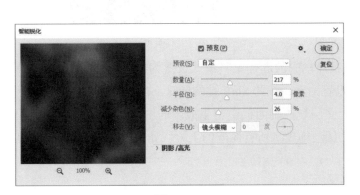

图 10-26　　　　　　　　　　　图 10-27

(7) 按 Alt + Ctrl + G 组合键创建剪贴蒙版，效果如图 10-28 所示。选择并显示"椭圆1 拷贝"图层，如图 10-29 所示。

图 10-28　　　　　　　　　　　图 10-29

(8) 按 Alt + Ctrl + G 组合键创建剪贴蒙版，按 Ctrl + T 组合键，圆形周围将出现变换框，在按住 Alt + Shift 组合键的同时，以圆心为中心点缩小圆形。按 Enter 键确认操作，效果如图 10-30 所示。双击"椭圆 1 拷贝"图层的缩览图弹出相应的对话框，将其中圆形的颜色设置为黑色。单击"确定"按钮，效果如图 10-31 所示。

图 10-30　　　　　　　　　　　图 10-31

(9) 单击"图层"控制面板下方的"添加图层样式"按钮，在弹出的菜单中选择"描边"命令，将描边颜色设置为黄色 (255，211，0)，其他设置如图 10-32 所示。单击"确定"按钮，效果如图 10-33 所示。

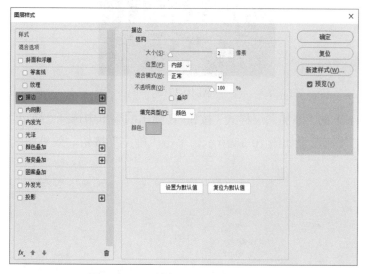

图 10-32　　　　　　　　　　　　　　图 10-33

(10) 在"图层"控制面板中，将"椭圆 1 拷贝"图层的"填充"设置为 0%，如图 10-34 所示。按 Enter 键确认操作，效果如图 10-35 所示。

(11) 按 Ctrl + J 组合键复制图层，生成"椭圆 1 拷贝 2"图层，如图 10-36 所示。按 Ctrl + T 组合键，圆形周围将出现变换框，在按住 Alt + Shift 组合键的同时，以圆心为中心点放大圆形。按 Enter 键确认操作，效果如图 10-37 所示。

图 10-34   图 10-35

图 10-36   图 10-37

(12) 单击"图层"控制面板下方的"添加图层样式"按钮,在弹出的菜单中选择"描边"命令,将描边颜色设置为白色,其他设置如图 10-38 所示。单击"确定"按钮,效果如图 10-39 所示。

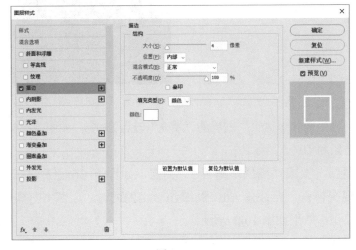

图 10-38   图 10-39

(13) 选择"椭圆 1 拷贝"图层，按 Ctrl＋J 组合键复制图层，生成"椭圆 1 拷贝 3"图层。将其拖曳到"椭圆 1 拷贝 2"图层的上方，如图 10-40 所示。按 Ctrl＋T 组合键，圆形周围将出现变换框，在按住 Alt＋Shift 组合键的同时，以圆心为中心点放大圆形。按 Enter 键确认操作，效果如图 10-41 所示。

图 10-40　　　　　　　　　　　　图 10-41

(14) 双击"椭圆 1 拷贝 3"图层的缩览图，弹出"图层样式"对话框，相关设置如图 10-42 所示。单击"确定"按钮，效果如图 10-43 所示。

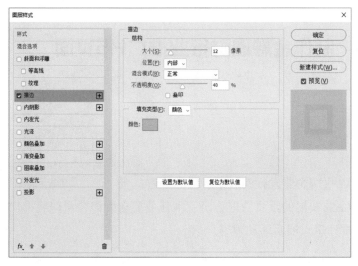

图 10-42　　　　　　　　　　　　图 10-43

(15) 按 Ctrl＋O 组合键，弹出"打开"对话框，打开本书"相关资源"中的"Ch10 → 素材→制作音乐类 App 的引导界面→ 02"文件。选择移动工具，将"02"图片拖曳到"01"图像窗口中的适当位置，效果如图 10-44 所示。此时，"图层"控制面板中将生成一个新图层，将其命名为"信息"。

至此，音乐类 App 的引导界面制作完成。

图 10-44

任务10.3 制作金融理财行业推广H5页面

任务引入

制作金融理财行业
推广 H5 页面

　　乐享投金融有限公司是一家以收购企业发行的股票、债券等方式来融通长期资金，并以此支持私人企业发展的投资管理公司。本任务要求为该公司即将推出的活动制作一个 H5 页面，要求设计重点展示活动内容。

设计理念

　　本任务要求设计的 H5 页面如图 10-45 所示。该 H5 页面使用鲜艳的颜色作为背景，以营造活动氛围；卡通元素的运用使画面更具亲和力；文字信息清晰规整，令人一目了然，能更好地向客户传达活动内容。设计的最终效果请参看本书"相关资源"中的"Ch10 → 效果→制作金融理财行业推广 H5 页面"文件。

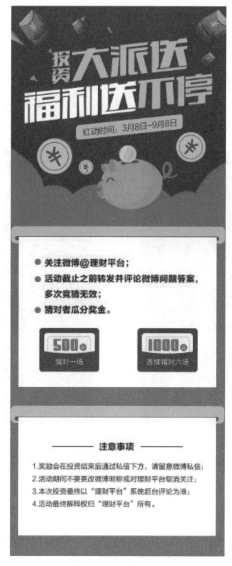

图 10-45

任务实施

　　本任务通过制作金融理财行业推广 H5 页面，让读者掌握矩形工具、钢笔工具和文字工具的应用。

　　(1) 按 Ctrl + N 组合键，弹出"新建文档"对话框，在其中设置"宽度"为 750 像素、"高度"为 1850 像素、"分辨率"为 72 像素 / 英寸、"背景内容"为粉色 (255, 41, 83)。单击"创建"按钮，新建文件。

　　(2) 选择矩形工具，在其属性栏中的"选择工具模式"下拉列表中选择"形状"选项，将填充颜色设置为紫色 (116，42，221)、描边颜色设置为无。在图像窗口中的适当位置绘制一个矩形，如图 10-46 所示。此时，"图层"控制面板中将生成新的图层"矩形 1"。

(3) 按 Ctrl + O 组合键，弹出"打开"对话框，打开本书"相关资源"中的"Ch10 → 素材→制作金融理财行业推广 H5 → 01、02、03"文件。选择移动工具，将"01""02""03"图像拖曳到新建的图像窗口中的适当位置，并调整它们的大小，效果如图 10-47 所示。此时，"图层"控制面板中将生成新的图层，分别将它们命名为"文字""装饰""装饰 1"。

图 10-46　　　　　　　　　　图 10-47

(4) 在按住 Shift 键的同时单击"矩形 1"图层，同时选择"装饰 1"和"矩形 1"图层之间的所有图层。按 Ctrl + G 组合键将图层成组，并将组名设置为"标题"。

(5) 选择圆角矩形工具，在其属性栏中将填充颜色设置为黄色 (247，214，111)、描边颜色设置为无、半径设置为 15 像素。在图像窗口中的适当位置绘制一个圆角矩形，如图 10-48 所示。此时，"图层"控制面板中将生成新的图层"圆角矩形 1"。

(6) 在圆角矩形属性栏中将半径设置为 8 像素，在适当的位置绘制一个圆角矩形，在其属性栏中将填充颜色设置为浅棕色 (184，107，11)、描边颜色设置为无，如图 10-49 所示。此时，"图层"控制面板中将生成新的图层"圆角矩形 2"。

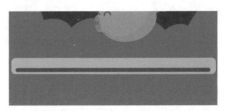

图 10-48　　　　　　　　　　图 10-49

(7) 选择矩形工具，在适当的位置绘制一个矩形，在其属性栏中将填充颜色设置为白色、描边颜色设置为无，如图 10-50 所示。此时，"图层"控制面板中将生成新的图层"矩形 2"。

(8) 在按住 Shift 键的同时单击"圆角矩形 1"图层,同时选择"圆角矩形 1"和"矩形 2"图层之间的所有图层。按 Ctrl + G 组合键将图层成组并将组名设置为"边框",如图 10-51所示。

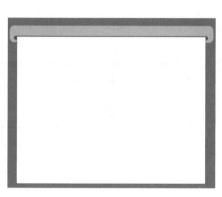

图 10-50   图 10-51

(9) 选择横排文字工具,在适当的位置输入需要的文字并选择文字,在其属性栏中选择合适的字体并设置文字大小,设置文字颜色为灰色 (68,68,68),效果如图 10-52 所示。此时,"图层"控制面板中将生成新的文字图层。

(10) 选择椭圆工具,在其属性栏中将填充颜色设置为粉色 (255,41,83)、描边颜色设置为无。在按住 Shift 键的同时,在图像窗口中的适当位置绘制一个圆形,如图 10-53所示。此时,"图层"控制面板中将生成新的图层"椭圆 1"。

(11) 选择移动工具,在按住 Alt + Shift 组合键的同时,将圆形拖曳到适当的位置即可复制圆形。用相同的方法再复制一个圆形,如图 10-54 所示。

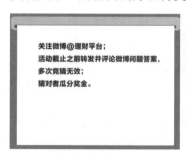

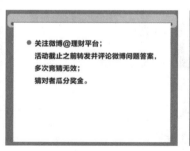

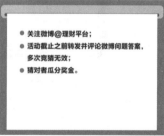

图 10-52   图 10-53   图 10-54

(12) 选择圆角矩形工具,在其属性栏中将半径设置为 10 像素,在图像窗口中的适当位置绘制一个圆角矩形,在其属性栏中将填充颜色设置为紫色 (116,42,221)、描边颜色设置为无,如图 10-55 所示。此时,"图层"控制面板中将生成新的图层"圆角矩形 3"。

(13) 在圆角矩形属性栏中将半径设置为 10 像素,在适当的位置绘制一个圆角矩形,在其属性栏中将填充颜色设置为浅黄色 (253,255,225)、描边颜色设置为无,如图 10-56所示。此时,"图层"控制面板中将生成新的图层"圆角矩形 4"。在适当的位置再绘制一个圆角矩形，在其属性栏中将填充颜色设置为无、描边颜色设置为灰色 (186，186，186)、描边宽度设置为 1 像素，如图 10-57 所示。此时，"图层"控制面板中将生成新的图层"圆角矩形 5"。

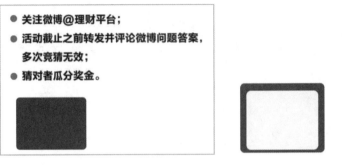

图 10-55　　　　　　　　　图 10-56　　　　　　　图 10-57

(14) 选择横排文字工具，在适当的位置输入如图 10-58 所示的文字并选择文字，在其属性栏中选择合适的字体并设置文字大小，设置文字颜色为粉色 (255，41，83)。此时，"图层"控制面板中将生成新的文字图层。

(15) 选择椭圆工具，在其属性栏中将填充颜色设置为粉色 (255，41，83)、描边颜色设置为白色、描边宽度设置为 2 像素。按住 Shift 键的同时，在图像窗口中的适当位置绘制一个圆形，如图 10-59 所示。此时，"图层"控制面板中将生成新的图层"椭圆 2"。

(16) 选择横排文字工具，在适当的位置输入文字"元"并选择文字，在其属性栏中选择合适的字体并设置文字大小，设置文字颜色为白色，效果如图 10-60 所示。此时，"图层"控制面板中将生成新的文字图层。

图 10-58　　　　　　　　图 10-59　　　　　　　图 10-60

(17) 选择钢笔工具，将其属性栏中的选择工具模式设置为形状，将填充颜色设置为紫色 (136，56，248)、描边颜色设置为无。按住 Shift 键的同时，在图像窗口中的适当位置绘制图形，如图 10-61 所示。此时，"图层"控制面板中将生成新的图层"形状 1"。

(18) 选择横排文字工具，在适当的位置输入文字"猜对一场"并选择文字，在其属性栏中选择合适的字体并设置文字大小，设置文字颜色为白色，效果如图 10-62 所示。此时，"图层"控制面板中将生成新的文字图层"猜对一场"。

(19) 在按住 Shift 键的同时单击"圆角矩形 4"图层，同时选择"猜对一场"图层和"圆角矩形 4"图层之间的所有图层。按 Alt + Ctrl + G 组合键创建剪贴蒙版，效果如图 10-63 所示。

图 10-61 图 10-62 图 10-63

(20) 在按住 Shift 键的同时单击"圆角矩形 3"图层,同时选择"猜对一场"图层和"圆角矩形 3"图层之间的所有图层。按 Ctrl + G 组合键将图层成组并将组名设置为"红包"。用相同的方法制作出"红包 2"图层组,如图 10-64 所示,效果如图 10-65 所示。

图 10-64

图 10-65

(21) 选择"边框"图层组,按 Ctrl + J 组合键复制图层组,生成新的图层组"边框拷贝"。将其拖曳到其他图层的上方,如图 10-66 所示。在按住 Shift 键的同时,选择"边框拷贝"图层组中的所有图层。选择移动工具,按住 Shift 键的同时,在图像窗口中将图像拖曳到适当的位置,如图 10-67 所示。

图 10-66

图 10-67

(22) 选择"边框拷贝"图层组中的"矩形 2"图层，按 Ctrl + T 组合键，图形周围将出现变换框，按住鼠标左键不放，向上拖曳矩形下方中间的控制手柄到适当的位置。按 Enter 键确认操作，效果如图 10-68 所示。

图 10-68

(23) 选择横排文字工具，在适当的位置输入需要的文字并选择文字，在其属性栏选择合适的字体并设置文字大小，设置文字颜色为灰色 (68,68,68)，效果如图 10-69 所示。此时，"图层"控制面板中将生成新的文字图层。

(24) 选择直线工具，在其属性栏中将填充颜色设置为无、描边颜色设置为灰色 (68，68，68)、描边宽度设置为 2 像素。按住 Shift 键的同时，在图像窗口中的适当位置绘制一条直线，如图 10-70 所示。此时，"图层"控制面板中将生成新的图层"形状 2"。选择移动工具，在按住 Alt + Shift 组合键的同时，将其拖曳到适当的位置即可复制直线，效果如图 10-71 所示。

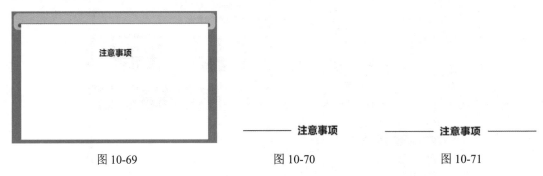

图 10-69　　　　　　　　　　图 10-70　　　　　　　　　　图 10-71

(25) 选择横排文字工具，在适当的位置输入需要的文字并选择文字，在其属性栏中选择合适的字体并设置文字大小，设置文字颜色为灰色 (68，68，68)，效果如图 10-72 所示。此时，"图层"控制面板中将生成新的文字图层。

至此，金融理财行业推广 H5 制作完成，效果如图 10-73 所示。

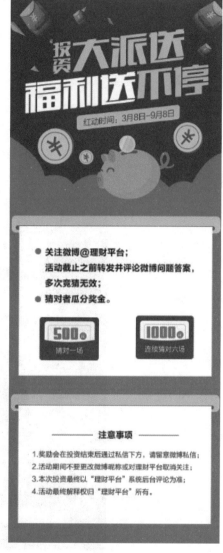

图 10-72   图 10-73

 任务10.4　制作七夕节海报

制作七夕节海报

 **任务引入**

遇见摄影工作室是一家集婚纱写真、彩妆造型为一体的专业摄影机构。本任务要求在

七夕节来临之际，为该工作室制作一款海报，用于宣传七夕节活动，要求设计营造出幸福甜蜜的氛围。

设计理念

本任务要求设计的海报如图 10-74 所示。该海报使用直观醒目的文字来诠释活动内容，表现出了活动特色；使用具有七夕特色的元素装饰画面，营造出甜蜜的气氛；剪影的形式使画面特色更鲜明。设计的最终效果请参看本书"相关资源"中的"Ch10 → 效果→制作七夕节海报"文件。

图 10-74

任务实施

本任务通过制作七夕节海报，让读者掌握画笔工具、图层样式、自定形状和钢笔工具的应用。

(1) 按 Ctrl + N 组合键，弹出"新建文档"对话框，在其中设置"宽度"为 26.5 cm、"高度"为 41.7 cm、"分辨率"为 72 像素 / 英寸、"颜色模式"为 RGB、"背景内容"为白色。单击"创建"按钮，新建文件。

(2) 按 Ctrl + O 组合键，弹出"打开"对话框，打开本书"相关资源"中的"Chl0 → 素材→制作七夕节海报→ 01、02、03"文件。选择移动工具，将"01""02""03"图片分别拖曳到新建图像窗口中的适当位置，效果如图 10-75 所示。此时，"图层"控制面板中将生成新图层，将它们分别命名为"底图""玫瑰"和"人物"。

(3) 新建一个图层并将其命名为"线条"。将前景色设置为白色。选择钢笔工具，将其属性栏中的"选择工具模式"设置为路径，在图像窗口中绘制路径，如图 10-76 所示。

图 10-75　　　　　　　　　　图 10-76

(4) 选择画笔工具，在其属性栏中单击"画笔"右侧的下拉按钮，在弹出的选项面板中选择需要的画笔，如图 10-77 所示。单击"路径"控制面板下方的"用画笔描边路径"按钮，对路径进行描边，如图 10-78 所示。按 Enter 键，隐藏该路径。

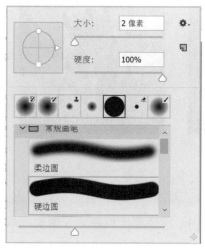

图 10-77　　　　　　　　　　图 10-78

(5) 单击"图层"控制面板下方的"添加图层样式"按钮,在弹出的菜单中选择"外发光"命令，将发光颜色设置为白色，其他设置如图 10-79 所示。单击"确定"按钮，效果如图

10-80 所示。用相同的方法制作出另一条线，如图 10-81 所示。

图 10-79

图 10-80   图 10-81

(6) 选择自定形状工具，单击其属性栏中的"形状"下拉按钮，弹出形状选项面板，在其中选择需要的图形，如图 10-82 所示。在自定形状工具属性栏中将填充颜色设置为白色、描边颜色设置为暗红色 (146，0，0)、描边宽度设置为 5 像素。单击"描边类型"下拉按钮，在弹出的选项面板中设置"对齐"和"角点"选项，如图 10-83 所示。将"选择工具模式"设置为形状。按住 Shift 键的同时，在图像窗口中按住鼠标左键不放并拖曳，绘制图形，效果如图 10-84 所示。此时，"图层"控制面板中将生成新的图层"形状 1"。

图 10-82　　　　　　　　　图 10-83　　　　　　　　　图 10-84

(7) 选择钢笔工具,单击其属性栏中的"路径操作"按钮,在弹出的下拉列表中选择"排除重叠形状"选项,在图像窗口中的适当位置绘制路径,效果如图 10-85 所示。

图 10-85

(8) 按 Ctrl + J 组合键复制路径所在的图层。选择移动工具,将图形拖曳到适当的位置,并调整其大小,效果如图 10-86 所示。用相同的方法再次复制图形,并调整其大小,效果如图 10-87 所示。

图 10-86　　　　　　　　　　　图 10-87

(9) 新建一个图层并将其命名为"光点"。选择画笔工具，在其属性栏中单击"切换画笔设置面板"按钮，弹出"画笔设置"控制面板。选择"画笔笔尖形状"选项，切换到相应的面板中进行设置，如图 10-88 所示；勾选"形状动态"复选框，切换到相应的面板中进行设置，如图 10-89 所示；勾选"散布"复选框，切换到相应的面板中进行设置，如图 10-90 所示。在图像窗口中按住鼠标左键不放并拖曳，绘制高光图形，效果如图 10-91 所示。

(10) 按 Ctrl + O 组合键，弹出"打开"对话框，打开本书"相关资源"中的"Ch10 → 素材→制作七夕节海报→ 04"文件。选择移动工具，将"04"图片拖曳到图像窗口中的适当位置，效果如图 10-92 所示。此时，"图层"控制面板中将生成一个新图层，将其命名为"文字"。

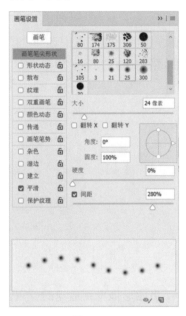
图 10-88

图 10-89

图 10-90

图 10-91

图 10-92

至此，七夕节海报制作完成。

任务10.5　项目演练——制作冰淇淋包装

任务引入

Candy 是一家冰淇淋公司，其生产冰淇淋的主要口味有香草、抹茶、曲奇香奶、芒果、提拉米苏等。该公司准备推出新品——草莓口味冰淇淋，本任务要求为其制作一款包装，要求设计突出产品的特色。

制作冰淇淋包装 1

制作冰淇淋包装 2

设计理念

本任务要求设计的包装如图 10-93 所示。该包装整体色调明亮、轻快，给人以舒适感；草莓与冰淇淋球的搭配能让人产生甜蜜的联想，突出产品的特色；文字与宣传主体的相互呼应，大大地激发起人的食欲，达到了宣传的目的。设计的最终效果请参看本书"相关资源"中的"Ch10 → 效果→ 制作冰淇淋包装"文件。

图 10-93